作者简介

李佐文 教授，中国传媒大学外国语言文化学院院长，博士生导师，全国话语语言学研究会会长，教育部外语教学指导委员会委员。研究领域：话语语言学，计算语言学，语言教学等。

李　楠 副教授，中国传媒大学语言学及应用语言学专业博士研究生，研究领域：话语语言学，计算语言学 ，语言教学。

面向自然语言处理的话语连贯研究

李佐文　李　楠◎著

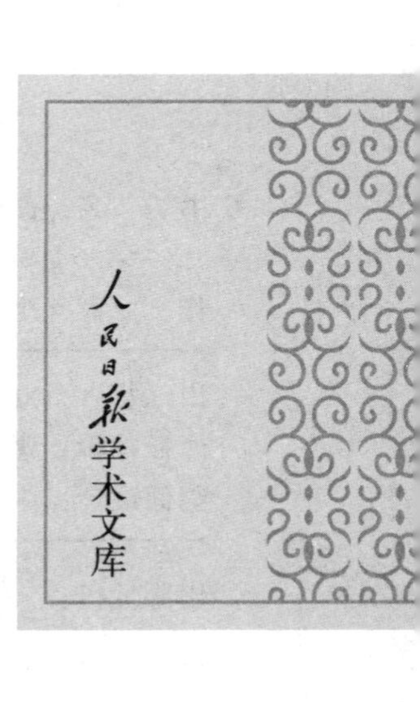

人民日报出版社·北京

图书在版编目（CIP）数据

面向自然语言处理的话语连贯研究 / 李佐文，李楠著．
—北京：人民日报出版社，2020. 4
ISBN 978-7-5115-6269-2

Ⅰ. ①面… Ⅱ. ①李… ②李… Ⅲ. ①自然语言处理—研究
Ⅳ. ①TP391

中国版本图书馆 CIP 数据核字（2019）第 282136 号

书　　名：面向自然语言处理的话语连贯研究
MIANXIANG ZIRAN YUYAN CHULI DE HUAYU LIANGUAN YANJIU
作　　者：李佐文　李　楠

出 版 人：刘华新
责任编辑：谢广灼
封面设计：中联学林

出版发行：人民日报出版社
社　　址：北京金台西路 2 号
邮政编码：100733
发行热线：（010）65369509　65363528　65369827　65369846
邮购热线：（010）65369530　65363527
编辑热线：（010）65369533
网　　址：www. peopledailypress. com
经　　销：新华书店
印　　刷：三河市华东印刷有限公司

开　　本：710mm × 1000mm　1/16
字　　数：150 千字
印　　张：14
版次印次：2020 年 4 月第 1 版　　2020 年 4 月第 1 次印刷

书　　号：ISBN 978-7-5115-6269-2
定　　价：78. 00 元

目　录

CONTENTS

绪　论

自然语言处理在语篇的细颗粒方面已取得相当的进展，例如词、短语、小句等。但整体篇章层面的计算方面仍有很大发展空间。

话语（也叫语篇，本书不作区分）是指在一定的语境中能够表达作者意图，对语言系统实现的过程或结果。语篇形成的关键因素是连贯，如果计算机能够计算语篇连贯关系，则能够对语言有更好的理解。因此，语篇连贯性的计算在自然语言处理中具有重要作用。准确地计算出语篇连贯能够推动自然语言处理具体的应用，例如人机互动、语义识别、自动文摘生成等。

本课题主要从以下几方面进行研究、论证。

第一章是话语和话语连贯研究的回顾。连贯是话语的重要特性，具有多维性，不仅体现在语义层面上，也表现在语用层面以及交际双方的心理互动层面。学界对话语连贯进行了不同角度、不同理论框架下的研究，对于什么是话语连贯，不同理论框架下的阐释有不同的定义。本章对这些研究进行回顾和梳理。

第二章阐述话语连贯计算的意义和内容。连贯关系的计算是话语意义处理的重要内容和角度。本章首先论述了话语连贯关系的重要性，详细介绍了篇章级连贯关系的意义与用途。其次介绍了话语标记与话语连贯。话语标记语是人们日常语言交流中重要的标记，也是语篇中的重要提示性标识，它在交际双方对话和语篇的连贯关系形成中起着重要的作用。相对于文字表述的语篇而言，话语标记语更多用于口语交际，它能够很好地调节信息，配合主题话语建立话语中的连贯，以推动话语交际的顺利进行。最后通过局部连贯关系与整体连贯关系的判定对连贯关系计算的主要内容进行了探索和展望。

第三章是话语标记语和自然语言理解。本章在综合前人研究的基础上提出基于语篇表层处理的自然语言理解模式。

第四章显性连贯和隐性连贯。本章将连贯关系分为显性连贯关系与隐性连贯关系，并对其进行更细致的分类与定义，同时运用该分类标准对语料进行实例分析，在人工条件下完成了对语篇的标注与中心思想提取工作。

第五章是语义网络与语篇意义。本章探讨了语篇语义网络的构建。语篇的意义是从语篇表层向语篇底层的映射过程中，概念被激活，建立了概念 - 关系结构所形成的语篇的语义网络，在语篇交际事件中，语篇表层的句法和句间的其他语法手段提供了一个表层组织结构，限制关于语篇底层概念和关系结构的假设。

第六章是连贯关系的语料库设计与标注。本章对连贯关系和语料库建设进行了综述性研究，为建立汉语语篇连贯关系语料库制选取语料并制定标注规则，为该库构建做好准备。

第七章是 DIPRE 在连贯关系计算中的应用。本章利用 DIPRE 算法对连贯关系的可计算性进行探讨，并试图探索语篇连贯计算的研究路径。具体展示了应用 DIPRE 及 Snowball 算法，实现大规模篇章语料库的语篇连贯关系自动评估的可行性。

第八章是基于连贯关系计算的新闻导语自动生成。本章从新闻导语的语言特征和可计算特征出发，通过分析新闻导语的连贯关系及相关算法的应用来研究新闻导语的自动生成。

第九章是从连贯计算到话语意义计算。本章论述了计算话语学产生的背景，介绍了计算话语学的研究内容，核心是针对话语概念意义求解的主题计算和针对人际意义求解的话语评价计算。

参加本研究课题的有：梁国杰博士，龙飞博士，孙秋月博士，严玲教授，唐倩雯等，在此一并致谢。

第一章

话语和话语连贯研究的梳理

1.1 话语的定义

Discourse（本书翻译为“话语”）最早是由 Zellig Harris 在他的文章 Discourse Analysis 中提出，基于语言和言语的区分，Harris 认为话语是连接的言语（Harris，1952）。随着学界把语言研究的关注重点从句子扩展到话语的层面上，“话语”的概念被从不同的角度进行定义和阐释。在话语分析研究中，与“话语”接近的一个术语是 Text（本书翻译为“语篇”）。欧洲语言学家倾向于使用“Text”（语篇），认为语篇包括书面语篇和口语语篇（Beaugrande &Dressler，1984）。本书对话语（Discourse）不同定义的梳理包括那些术语名称不同，但是所涵盖的意义与 Discourse（话语）接近的 Text（语篇）的定义。

Pike（1954）从社会文化的角度提出话语是社会文化语境互动过程的产物。

Halliday & Hasan（1976：1）认为 Text（语篇）是使用中的语言单位，不是句子一样的语法单位，而是语义单位，是不受句子语法约束的在一定语境下表达完整语义的自然语言。Text 即是产品又是过程。Text 被看作过程，是因为这是一个不断进行语义选择的过程（Halliday and Hasan，1985：10）。Halliday & Hasan（1976）提到了 discourse structure（话语结构），并没有针对 Discourse 给出定义，discourse 和 text 两者似乎是互换使用。

Brown & Yule（1983：18）区分了话语（Discourse）和语篇（Text），把话语看作过程，是说话者或作者在某个语境中用来表达自己的意思或实现自己意图的词、短语和句子；语篇是话语的具体表现形式。

Steiner & Veltmen（1988）把话语解释为“作为过程的语言，是动态的”。篇章是以词语编码的，并以言语、书面语或符号贯穿的语言活动的产物，是静态的。

廖秋忠（1992：181）将话语定义为由句子连接成篇的语言体。

胡壮麟（1994：1）认为语篇（Discourse）是指任何不完全受句子语法约束的在一定语境下表示完整语义的自然语言，目的是为了通过语言这个媒介实现具体的交际任务或完成一定行为。

Allan Ramsay（2009：112）认为话语是由一个或多个人为了传递或交换信息而产出的一段扩展的句子序列。

综上所述，对“话语”的定义有不同的侧重点，或者强调话语和句子的区别和联系、话语产生的语境，或者是话语实现的功能。基于以往对“话语”的研究，本书认为话语是指在一定的语境中能够表达作者意图，对语言系统实现的过程或结果。

1.2 话语连贯的研究梳理

连贯是话语的重要特性，具有多维性，不仅体现在语义层面上，也表现在语用层面及交际双方的心理互动层面。学界对话语连贯进行了不同角度、不同理论框架下的研究，对于什么是话语连贯，不同理论框架下的阐释有不同的定义。本节将对这些研究进行回顾和梳理。

1.2.1 话语连贯的语义层面研究

语义层面上，话语连贯是指话语单位（句子或语段）之间的各种语义联系（李佐文，2003）。研究主要关注两个方面：相邻话语片段间的语义连贯和基于话语层级结构的连贯。学者对这两种连贯给予了不同的侧重与阐释。

1.2.1.1 系统功能语言学框架下的连贯研究

（1）Halliday & Hasan 的《英语中的衔接》和连贯

Halliday & Hasan（1976）研究了英语语篇中衔接的类型、表现形式和作用机制，认为衔接是语义单位，指的是语篇中一个因素与影响这一因素理解的另一个因素之间的意义关系，为语篇部分之间提供连续性（1976：2－3）。衔接构成语篇内部语义联系的基础，衔接手段包括：指称、替代、省略、连词和词汇衔接，在口语中，还包括语调重音等。同时，他们提出语篇性概念（texture）、衔接和语篇性、语篇连贯的关系。语篇具有语篇性，语篇性（texutre）是语域和衔接的语义构型。衔接作为一种谋篇机制（device of texture），和语域共同有效地确定一个语篇（1976：3）。除了话语中的衔接，语篇的谋篇机制还包括信息结构、主位－述位结构、语篇的宏观结构，为构建连贯语篇提供了谋篇资源（1976：299）。但是，对于这些谋篇机制如何影响话语连贯，他们没有做进一步的阐释。Halliday & Hasan（1976）对连贯的阐述不多，没有给出明确的定义，提到语篇性与语篇的连贯感知相关。语篇连贯应该表现在两个方面：情景语境方面的语域一致性和语篇内部的衔接（1976：23）。总体来说，Halliday & Hasan 在"Cohesion in English"一书中对衔接和连贯的关系没有做深入的阐释，但是对语篇衔接和衔接机制的细致研究引起了学界对语篇结构关系的进一步关注和探究。

（2）Hasan 的衔接和谐与连贯

在对语篇衔接的进一步研究中，Hasan 从衔接入手研究语篇连贯，旨在发现语篇连贯在衔接方面的表现形式，提出了衔接和谐概念（Cohesive Harmony）以及衔接和谐分析方法（Cohesive Harmony Analysis）作为连贯的衡量手段。Hasan（1984：181）认为连贯指的是语篇的整体性特征，是非结构性的语义关系。关于衔接和连贯的关系，Hasan（1984：211－212）提出衔接结的数量和连贯的程度间没有明显联系，连贯的识别在于衔接结形成衔接链。衔接链指的是衔接的延续。衔接链有两种类型：同一链和相似链。当一条链中的两个或多个成员与另一条链中的两个或多个成员形成一致的功能关系，那么，两个联结链相互作用，形成衔接和谐。Halliday & Webster（2009：241）认为衔接和谐赋予了语篇以语篇性。Hasan（1994：138）称衔接和谐为语篇性结构，并提出用衔接和谐分析方法（CHA）分析语篇性的特性、测量语篇连贯（Hasan，1985）。CHA 沿着横聚合和纵聚合两条轴发现关系，通过一致和相似关系绘制衔接词汇链和链互动，链互动指的是当一条链中的两个或多个成员与另一条链中的至少两个成员形成语法关系（Hasan，1984：211）。链互动包括重复构成的链连接、小句层面上语法角色的重复（例如：过程 - 目标）。衔接和谐结构不仅基于一致和相似的语义考虑把词汇和语法衔接手段整合在一起，还协调两个宏观功能的产出：语篇功能和概念功能。语篇功能的产出是衔接链和互动链，概念功能的产出是小句和句群的层面，衔接和谐使得两个功能产出形成一个有意义的整体（Hasan，1985：94）。Hasan 提出链互动与连贯的程度相关。语篇中的衔接越和谐，语篇越连贯。链互动可以图像或数字的方式呈现（Hasan，1984：216）。

（3）Hoey 的词汇模式与连贯

Hoey（2000）认为衔接是语篇的特征，连贯是读者对语篇的评估。衔接是客观的，连贯是主观的，是读者对连贯的评价，读者对同一话语的连贯具有不同的判断。连贯从读者评估的角度来说是可以测量的。衔接是特定的语法和词汇特征将文本中的句子进行连接。连贯是文本作为一个整体组合、表达意义的程度指标。

Hoey 在衔接理论的基础上，运用重复这一语义特征考察了语篇的连接，发现语篇中的句子之间借助不同类型的重复形成不同程度的连接，从而形成了连接网和矩阵。借助连接网，可以得出语篇摘要这样较大的语篇结构组织，并能确定话题的开始和结束。不同的连接会展示不同程度的连贯。借助连接，可以区分边缘句和中心句，借助网，可以创建文本的缩减版（Hoey，2000：124）。

Hoey 提出的词汇重复包括：简单词项重复、复杂词项重复、简单释义、复杂释义、上义/下义/共指重复及各种替代连接。

（4）基于 Halliday & Hasan 连贯理论的其他研究

国内外其他学者基于 Halliday & Hasan 的衔接连贯理论，在系统功能语言学的总体框架下对语篇连贯做了进一步的论述和研究。

根据 Halliday & Hasan 提出语篇连贯与语境的关系，以及语境的分类，Eggins（1984：87）提出两种连贯：情景连贯和语类连贯。情景连贯指的是话语中所有的小句都合理地属于某个语境中应该的产出。语类连贯指的是话语中的小句以及话语结构应该属于某一个语类，具有语类一致性。基于 Halliday & Hasan 提出的语域一致性，Eggins 进一步根据语域的三个构成因素：语场、语旨和语式来探讨连贯的程度。

在 Halliday & Hasan 的语篇衔接和衔接链的研究框架下，Campell（1995）提出了六项语篇连贯原则：相似性原则（连贯的成分之间应该具有相似性）、相近性原则（指称项目指的是距离它最近的指称物）、强化原则（相似性和相近性连贯的连续出现可以增强连贯的程度）、冲突原则（互相对立的语义关系促进语篇的发展）、密度原则（基于相似性和相近性的衔接在语篇的分布中具有不同的密度）和大小对称原则（衔接的部分之间大小应该相当、对称）。

张德禄（2006）在 Campell 的六项语篇连贯原则基础上，增加了指称链贯穿全文原则（至少有一条衔接链贯穿语篇，构成语篇主题）和体裁优先原则（语篇体裁的宏观结构位于语篇连贯的其他原则之前，首先确定语篇体裁结构，然后再选择实现其结构的模式）。

胡壮麟（1994：224－225）提出语篇的衔接和连贯在语言的不同层面上有反映。这些层面包括：社会符号层（语境和语用知识）、语义层（及物性、逻辑连接、语篇结构）、词汇层（词汇搭配和指称性）、句法层（结构衔接和主位－述位）、音系层（语调、信息单位、语音模式）。各个层次对语篇衔接和连贯所起作用的大小视语体而定。

张德禄（1992，1999，2000，2003）认为衔接是语篇的具体意义关系，连贯是其产生的整体效应。在语篇连贯中，语域起使成作用，使衔接机制成为语篇连贯的标志。结合胡壮麟（1994）的衔接和连贯分析，扩展了 Halliday & Hasan 的非结构性衔接机制，提出衔接包括外指衔接机制和隐性衔接机制；衔接包含所有的语篇内语义联系：及物性结构、语气结构、主位结构、信息结构、平行结构。基于影响语篇连贯的外部因素和内部因素提出了语篇连贯的理论模式和分析框架。外部因素包括社会文化因素（文化语境和情景语境）和心理认知因素（认知模式和心理思维）。内部因素包括语篇意义与衔接机制。

程晓堂（2005）在系统功能语言学的三个元功能角度研究连贯

的性质和实现。认为话语连贯是关于建构的话语是否能够以及多大程度实现话语生产者的意图。连贯的话语就是成功地实现了语言三个元功能的话语。话语连贯包括：概念连贯、人际连贯和语篇连贯。概念连贯指的是话语能够有效传递概念意义，包括四个方面：显示一定的正常度、有序表征世界、局部和宏观层面有话题连续性。人际连贯指的是有效传递人际意义，实现人际连贯的两个途径是：角色定位和知识预设。篇章连贯是指语篇为了有效地组织语篇本身而体现出来的连贯性。语篇连贯的实现手段包括：主位结构、信息结构、命题宏观结构、语类宏观结构。

总体来看，系统功能语言学框架下的连贯研究对语篇连贯进行了比较全面和系统的描述性分析，基本厘清了影响语篇连贯的各种因素，并提供了一个整体的连贯分析框架。但是，各种因素如何影响连贯语篇的生成以及因素之间如何相互作用还有待深入研究。关于语篇连贯的形式化衡量方面，Hasan（1984，1994）通过衔接链和衔接互动提出了衔接和谐分析法来评估语篇的连贯程度。但是，没有涉及语篇连贯评估的程序化和形式化。

1.2.1.2 Van Dijk 的话语连贯研究

除了系统功能语言学框架下的话语连贯研究，有学者从语义层面关注话语的宏观结构、话语话题、话语连贯的制约条件等。

Van Dijk（1977：94－127）认为连贯是话语的根本特征之一，话语连贯的语义属性基于单个句子的理解要相对于话语中的其他句子。连贯的话语具有指称的同一性，或者关系、性质的同一性。衔接（connection 或者 connectedness）是被用来描述潜在的语义连贯的更加具体的语法表征。衔接是使话语被接受的必要条件，但不是充分条件。语义连贯分为局部连贯（线性或序列连贯）和整体连贯。局部连贯是话语中相邻句子间的语义联系。这种联系分为内涵性的语义联系和外延性的指称联系。整体连贯由宏观结构、话语主题决定。局部的线性连贯需要宏观主题、话题延续的控制（Van Dijk，1983：150）。

Van Dijk（1983：189－191）认为话语具有宏观结构（或称图式结构、超结构）。宏观结构是语义单位，其宏观命题要通过话语中的句子所表达的命题获得。宏观结构是个层次结构，上一层次的语义是由抽取下一层次的组成单元的共有的命题内容组成的，如果在整个篇章的意义结构的最上一层有一个或一组命题能包括整个篇章的命题内容，那么这个篇章是连贯的。宏观结构通过宏观规则确定。宏观规则是语义投射规则，它们在更高的层次上将命题序列与命题序列相联系，因此，从局部的、话语的句子意义中能够获得整个话语的或者情节事件的宏观意义。

宏观规则包括删减规则、概括规则、构建规则。删减规则指在一个命题序列中，删减不能成为另一个命题理解条件的命题。概括规则指用一个命题来替代一个命题序列，这个命题是由序列中的某命题所引发的。构建规则指用一命题来替代一个命题序列，这个命题是由序列的命题组而引发的。

关于如何确定话语的话题，Van Dijk（1983）认为话语话题由论元和谓词构成，话语所指依据一些中心的所指被排序，谓词基于某个主要的谓词，例如：宏观行为或事件。行为或事件序列将有宏观的目标和动机。

基于具体话语的连贯分析，Van Dijk 总结了话语连贯的五个条件，并试图形式化。第一，话语模型中（discourse model）每个模型（Mi）的每个情景都与真实情景一致或者可及。第二，话语模型中至少有一个体（di）以某种性质贯穿每个模型，或者不同模型间的个体之间具有关系值（f）。第三，其他的个体具有部分性的关系，例如：包含、部分－整体、成员、所属。第四，在连续的模型中，属于同一个个体的不同关系应该处于一个更概括的关系之下，或者属于一个关系维度。第五，对于话语模型中的结果模型，每一个事实（fi）都有一个条件（fj）。第六，对于包含了两个连贯序列的话语，两个话题或框架要具有相关特性，或者通过第一个序列包含的谓词可及第二个序列涉及的可能世界。

Van Dijk 提出了关于连贯的概括和抽象定义，连贯指的是相对于某个可能的世界、知识或者其他认知信息来说，话语句子所表达的命题间的关系（1983：150）。有两种根本的命题连贯：条件连贯和功能连贯，前者是指称关系，如果它们指称的事实在可能的世界中是联系的，那么命题就是连贯的。这种关系经常是条件性的（时间性和因果关系）。功能连贯是意义间的联系，命题间的联系表现为一个命题相对于另一个命题具有某种功能，例如：详释、阐述、举例、比较、对比、概括等。

关于连贯的程度性，Van Dijk（1983：161）提出了连贯建立的三个层次：表层连贯、正常连贯、充分连贯。表层连贯指的是命题出现在同一个脚本中；正常连贯：除了表层连贯，两个命题间会引发直接的条件或功能联系，或者世界知识中会获得一个命题可以建立这种联系；充分连贯：除了表层连贯和正常连贯之外，从情节或语义记忆中，能获得有关命题和命题间的关系的更多的信息。

1.2.1.3 Reinhart 的话语连贯条件

Reinhart（1980）认为连贯的语篇必须满足三个条件：衔接、一致性和关联。衔接是句对间的线性关系，具有指称性连接或者是语义连接词连接，这与 Van Dijk 的连接观点相近。一致性指的是每一个句子与前面的句子的命题具有逻辑的一致性，也就是说按照我们对世界的共同假设，它们在同样的事态中都为真。关联指的是三方面的相关。第一，话语与它的产生语境相关；第二，话语中的命题之间具有关联；第三，话语的句子与潜在的话语主题相关。

Reinhart（1981：80）提出话语主题与句子主题的关系以及如何通过句子主题来构建话语主题。他提出句子的主题是把语境组中命题的指称项进行归类，然后将与句子主题相对的局部项进一步组织在宏观项下面，从而构建话语主题。

1.2.1.4 Giora，R 的话语话题和连贯

Giora，R（1985）对于衔接和连贯的关系有不同的阐释，提出了相邻命题间的连贯和话语话题连贯及话语连贯的条件。Giora 认为衔接是派生的概念，是连贯的副产品，既不是连贯的充分条件，也不是必要条件。相邻语段间的衔接有助于构建话语话题和促进话语理解，但不是话语连贯的充分条件。话语话题的层级性结构使话语连贯。相邻命题间的连贯是主要话语话题连贯的产物。

Giora 认为话语话题是独立于句子的话题。话语话题是一个命

题或者论元 - 谓词的名词化形式，而不仅仅是名词短语。阅读话语的过程是不断构建关于话语话题的假设的过程。话语话题的构建过程为：构建一个新命题与语境组（即围绕话语话题的一组命题）之间的关系，而不是新命题和前一个命题间的关系。话语的第一个信息经常被假设为话题，据此来验证和评估后续的信息。当第一个假设不成立时，它会增加一个新的话题项。

话语连贯的条件包括：第一，符合关联要求，一个话语片段的所有命题都与话语话题命题相关；第二，符合层级信息条件，要求每个命题都要比它之前的命题含的信息量要多一些；第三，通过使用显性标记标示偏离关联和层级信息性原则（Giora 1985，1997）。

Giora 关注话语话题在话语连贯中的作用，但是并没有提出获得话语话题的形式化程序。

1.2.2　话语连贯的语用层面研究

关注互动话语交际的语言学家从话语的语用层面研究话语连贯，提出连贯的定义、影响连贯的因素以及连贯的分类。

Guy Cook（1994）认为连贯是语篇和接受者之间的互动，受到衔接的促进，是不同于衔接的独立概念。

语用学中的言语行为理论认为言语就是做事情，是执行一个行为。有学者试图从语句所表达的语言行为的类别，对话的一般行为准则等来解释对话的连贯性（廖秋忠：1992：182）。Labov（1970）认为连贯不是基于话语之间的关系，而是话语所实现的行为之间的关系。Crystal (1985) 认为衔接所实现的是语言的表层形式和陈述之间的关系，而连贯指交际行为之间的统一关系。

Widdowson (1978, 1979) 提出话语是行为 (utterance as action)，通过识别了每个话语实现的行为，我们才能认为这个序列是一段连贯的话语。衔接是命题间显性的、具有语言标示的关系；连贯是言语行为间的关系。话语的连贯取决于话语与语境现实的外在联系，与读者在特定的社会－文化世界中所熟悉的概念图式和人际图式相关。连贯的话语取决于是否能和一个指称框架（或概念图式 ideational schema）相联系、激活某种交际图式（schema of interpersonal kind）、符合某种语类的交际规则，并实现某个交际功能 (Widdowson, 2012：50)。

Van Dijk (1983：149) 基于言语行为理论提出了语用连贯的概念。自然的话语是基于交际双方的预测选取语用相关的表达。话语被看作是一个言语行为序列，序列中的言语行为按照某种条件关联，并满足特定语用语境下的同样的合适条件，实现语用连贯。

Lautamatti, L. (1982) 基于 Widdowson 的话语连贯观点、结合话语类型和风格，把连贯分为两类：命题连贯和互动连贯。命题连贯指的是基于话语命题内容的连贯，例如：从整体到部分的概念，从一般到具体，从已知信息到新信息。命题连贯经常出现在书面话语。互动连贯基于交际行为的意义链，虽然缺少显性衔接，依然是连贯的。互动连贯出现在口头话语。命题连贯是将一个框架中的不同部分连接起来，或者是话语指称将不同的框架结合起来，并且创造一个合理的条件使得框架整合。影响互动连贯的言语行为因素包括：是否共享语用语境、即时反馈、共享知识、预先计划、话语中是否有纠正和添加。

话语连贯的语用研究主要关注口语互动交际，为连贯研究提供了一个新的视角。基于言语行为理论的连贯阐释在一定程度上描述了口语交际中话语实现连贯的方式。但是，关于互动交际中连贯话语的表现形式和影响话语连贯的语用因素还有待深入研究。

1.2.3 话语连贯的认知层面研究

1.2.3.1 De Beaugrande & Dressler 的语篇世界模型和连贯

DeBeaugrande & Dressler（1981）提出了语篇的七个要素，包括：衔接、连贯、意图性、可接受性、信息性、情境性、互文性。在这七个语篇要素中，衔接和连贯发挥着更重要的作用，在某种程度上，被看作是操作性目标，如果不能成功实现，就会影响其他的话语目标。

衔接是关于表层语篇成分组成的方式，也就是，我们听到或看到的词汇在一个序列中相互连接。连接的手段包括：重现、部分重现、并列结构、释义、替代形式、省略、连词、时态等。连接手段将语篇中的不同事件相联系，构成连贯的基础，是语篇实现连贯的语言学标示手段。

基于认知科学理论，De Beaugrande & Dressler 分析了连贯的特点、作用以及连贯和意义的关系。连贯是表层语篇下的语篇世界成分组成的方式。连贯的基础是意义的连续性，也就是说，语篇表达激活的知识概念和关系的构型中，意义应该具有相互可及和相关性（De Beaugrande & Dressler，1981：94）。

De Beaugrande（1980）提出了语篇世界模型，有四个部分构成：概念、关系、算子和优先选择规则。概念是网络节点，关系为节点之间的连接线，即一级概念和二级概念之间的连接，算子是逻辑运算符号，优选规则是认知操作程序。语篇世界模型有33种关系类型，例如：状态关系、施事关系、属性关系、位置关系、时间关系等。连贯是概念和关系结合成一个网络，围绕主要话题而形成了一个知识空间。

1.2.3.2 Sperber & Wilson 的关联理论和话语连贯

随着认知语言学的快速发展，许多学者从认知语言学的理论框架研究话语连贯。Sperber & Wilson（1986/1995）提出的关联理论认为每个明示交际行为都传递着最佳关联假设。言语交际是一个明示-推理过程，话语接收者对话语进行最佳关联的理解，以较小的认知努力获得最佳的认知效果。Wilson（1998）认为语篇连贯取决于话语交际中的最佳关联假设和交际双方遵守关联原则。话语作为明示信号，促使受话者构建符合最佳关联假设的认知语境假设，实现对话语的最佳关联理解，即话语的连贯理解。Blakemore（1992）运用关联理论研究语篇连贯，对于连贯和关联的关系，Blakemore持有和Giora，R相反的观点，她认为连贯是关联的副产品。

1.2.3.3 Fauconnier & Turner 的概念整合理论和话语连贯

Fauconnier & Turner（1998）提出的心理空间理论和概念整合理论认为：在话语理解过程中，话语表达将会激活交际者大脑中关于人、事物和事件的各种语言和非语言的知识框架，并存储在工作记忆之中，形成心理空间。概念整合指的是来自不同心理空间的因素和重要关系被整合在一起，产生一个新的心理空间。合成空间通过组合（composition）、完善（completion）和扩展（elaboration）三个心理认知过程进行运作。Fauconnier & Turner 运用该理论分析了许多复杂语篇，提出语篇连贯的认知过程是读者构建连续的心理空间的一种动态过程。

1.2.3.4 语篇连贯的其他认知阐释

许多学者对话语连贯的研究主要基于语篇的分析，同时，也从语篇交际者的认知维度分析话语连贯。本节总结了如下的一些观点。

认知过程在语篇连贯中发挥着重要作用；连贯不仅是语篇的特征，而是语篇使用者的认知处理结果（De Beaugrande & Dressler, 1981）。

连贯是一种假设，是人们在理解话语时，储存在心智之中的。交际者在努力理解说话人的话语意图时，都会产生一个连贯的假设，不管话语的成分之间是否具有显性的语言衔接。（Brown & Yule，1983：223）。

语篇连贯是相对的，不是绝对的特征，连贯是读者赋予语篇的（Hasan，1984：181）。

Van Dijk（1983）认为语义连贯的一个重要认知条件是世界的假定正常。我们对话语的语义结构的期待是由我们的世界结构知识和事态、事件的知识所决定的。Van Dijk 提出了话语交际者建立局部连贯的策略。交际者尽力将新的命题片段与处理过的命题相联系。连贯策略应用到各种信息，包括词序、句法范畴、概念间关系的信息、同指的同一性、使用特定框架的情节信息、世界知识的框架、话语序列的规则和策略，行为和动机之间的关系。

1.2.4 话语连贯的心理层面研究

1.2.4.1 Givon：心智中的连贯

Givon（1995：59－116）关注语篇连贯的心理维度，提出连贯是个心理实体。他认为语篇连贯是涉及多个线索的、复杂的、复合的元现象。连贯从根本上来说不是产出语篇的客观特征，语篇是进行话语产生和理解的心智过程的副产品，心理过程是连贯的真正所在。语篇连贯具有多视角，因为它涉及的是交际双方心智的互动过程，试图同时实现多个交际目标。

语篇连贯结构的信息通过两个并行通道处理：小句词汇信息支持下的、基于知识的推理；小句句法结构、语法形态和音调线索支持下的、语法引发的推理。词汇通道依靠词汇意义的自动激活。两个通道的共同认知任务是决定将当前语篇的情节心理表征中的小句新信息连接的方式和地点。两个处理过程都同时涉及局部连贯和宏观连贯。

语篇的情节心理表征是由相互连接的节所构成的网络，网络结构具有层级性和序列性。关于语篇连贯的心智过程研究，Givon 认为必须分别从话语产生和话语理解两个角度进行。主张研究口语话语，认为自发性口语交际产出对于语篇连贯的现实性研究最有启示。

1.2.4.2　心理层面上连贯研究的其他观点

Johnson-Laird 认为（1983）连贯话语的一个充分和必要的条件是可以从中构建一个完整的心理模型，也就是说，听读者可以把不同的成分结合起来形成一个完整的心理表征。

Garnham，A（1991）从心理语言学的角度看待语篇连贯，认为连贯不是来自一系列连贯关系，而是来自有关世界和论元结构的知识是怎样用于组成语篇，或组成话语的。

Sandord，A（2006）提出连贯有两个重要的信息来源：语篇提示语和心理限制条件。心理限制条件是思维或推理的过程。连贯是听读者的心理活动。听读者在空间、时间、因果关系、意向性和人物这五个情境维度方面进行跟踪，形成一个连贯的心理表征。产生一个连贯的心理表征需要照应手段，并形成因果链的心理表征。因果链的力度反映连贯的程度。情景特定信息（来自脚本理论）有助于构建一个连贯的心理表征。

1.2.5　面向计算的话语连贯研究

对于计算语言学来说，连贯关系是构建和理解连贯语篇的工具（Hovy，1988；Mann and Thompson，1988）。Hobbs. J（1979）认为话语中的连贯可以部分地运用一套连贯关系进行描述。许多语言学家对连接小句、句子或者话语较大片段间的关系进行研究，并予以不同的命名，例如：修辞谓词（Grimes，1975），连接关系（Halliday & Hasan，1976）、段落类型（Longacre，1977）、推论关系（Fillmore，1974）。但是，大多数的连贯关系研究以分类的形式进行列举，用例子进行阐释，没有进行形式化的定义。面向计算的话语连贯研究运用人工智能（AI）推理系统操作（知识表征和运用）对连贯关系进行形式化的定义（Hobbs. J，1979）。

1. 2. 5. 1　Hobbs 的连贯关系研究

Hobbs. J（1979）认为使话语连贯的是层级性的连贯关系。他提出的连贯关系包括：时机关系、评价关系、背景－图形关系、解释关系、扩展关系。场合关系指的是话语中第一个片段描述的事件为下一个片段描述的时间创设场合。评价关系中，第二个片段解释第一个片段中陈述事情的原因。背景－图形关系中，第一个片段为第二个片段提供背景信息。扩展关系细分为几个次类：并列、阐释、示例、对比和违反期待（Hobbs. J，1990）

除了相邻句子间的连贯关系，Hobbs 提出了连贯结构概念。连贯关系同时存在于话语的片段组和片段组之间，不断递归，形成话语的整体结构。

1. 2. 5. 2　Mann & Thompson 的修辞结构理论

Mann & Thompson（1988）发现由句子序列构成的扩展话语中，句子间是相互联系的，语篇中的每个部分相对于其他部分来说都有一定的功能，这种关系被称作连贯关系、话语关系或连接关系。这些关系在话语理解和连贯语篇的产出中发挥着重要作用。最常见的连贯关系是非对称性的，叫作核心－卫星关系。RST 关系需要四个方面来确定：核心单元限制条件、卫星单元限制条件、核心和卫星单元的结合限制条件、给语篇接受者达到的效果。他们基于语义和功能提出24种关系，分成主题和呈现关系两大类（Mann，1988），例如：详述、环境、解决、原因、重复、动机、背景、证明等，后来又增加至30种关系。话语具有层级性结构，基础部分结合构成更大的组块，直到形成一个完整的话语，所有的部分服务于作者的产出目的（Mann，2005）。

关于连贯关系的种类，其他学者提出了不同的数量和种类。Maier & Hovy（Maier and Hovy，1991，1993）运用语言元功能分类提出了70种关系用于语篇生成。Hovy（1990）搜集了350种关系，并提出了层级性的关系分类，16种关系处在第二层级。他认为应该把连贯关系进行归纳总结，否则，面向计算的连贯关系研究处在困境中：或者是在一长串的关系中选择（Mann & Thompson，1988），或者是在两个意向关系选择（Grosz & Sidner，1986），第一种连贯关系是无动机的，不受限制的，可能会导致分析困难，第二种分类从语篇生成的角度说是不充分的，因为语篇生成器需要不止两种关系。

1.2.5.3 Sanders et al. 连贯关系的认知研究

关于连贯关系，Sanders et al.（1992）认为它是联系话语片段的概念关系，是一种心理实体。Merel et al.（2016）提出连贯关系不是语言学家创造的描写建构体，而是语言使用者在理解语篇过程中所利用的认知的、心理的建构体。Sanders，et al.（1992）从认知角度对连贯关系的分类进行研究，旨在促进建立具有心理可行性的话语结构理论，并进而以分类为基础呈现一套有序的连贯关系。

Sanders et al. 首先提出认知基元和连贯的关系。认知基元是读者用来推断连贯关系的认知基本概念知识，连贯关系的理解是核查这些认知基元。基于话语理解的认知心理学研究成果，Sanders et al. 提出了确定连贯关系的四个认知基元，分别为基本操作（basic operation）、连贯来源（source of coherence）、话语片段的顺序（ordering）和极性（polarity）。基本操作包括添加关系、因果关系、时间关系（Merel et al.，2016），连贯来源包括两个值：语义和语用或者客观和主观（Merel et al.，2016），如果话语片段通过命题内容连接的，那么这种关系是客观的，也就说，两个片段都是描写真实世界的，或者是关于正在被描述的世界中的。如果说话者或作者正在积极地通过推理或者执行某种言语行为参与关系的建构，那么，这种关系就是主观的。片段的顺序包括基本顺序和非基本顺序，极性分为正极（肯定）和负极（否定）。

Sanders et al.（1992）根据认知基元将连贯关系进行系统分类，提出了 12 类基本连贯关系，例如：原因 - 结果、对比性原因 - 结果、结果 - 原因、对比性结果 - 原因、论据 - 论点、工具 - 目标等。他们认为 Mann & Thompson（1986）提出的诸如“观点 - 证据”关系是复合性的连贯关系，可以进一步分析为更基本的概念，如：因果性。分类可以通过增加特定片段特征进一步拓展，而达到一套完整的、描述充分的连贯关系。

Sanders et al.（1992，1993）基于认知基元对连贯关系进行范畴化，提供了描述连贯关系和关系间关系的框架，实验结果显示这种分类具有心理可行性。Merel, et al.,(2016）根据基于认知基元的连贯关系分类制定了话语关系标注的步骤流程图。他们认为话语的计算研究可以利用这个认知分类制定连贯关系理解的程序模型，为连贯关系理解的算法提供系统的基础。

1.2.5.4　Kehler 的连贯关系和模型

Kehler 根据 Hume 的知识关联的三种类型和 Hobbs 的连贯关系概念，进一步探讨连贯关系，提出了三大类连贯关系：相似关系、因果关系、临近关系。每一类又细分为几个次类。相似关系指的是相对应的实体和关系之间具有共同性或对比性，下面分为六个次类：平行、对比、示例、概括、例外、阐释。因果关系包含四个次类：结果、解释、违反期待、阻碍否定。临近关系指的是在特定场合下，相关命题表达的一系列事件都是围绕着某套实体系统。Kehler（2002）认为：与其他连贯关系相比（Mann & Thompson, 1988; Sanders et al. 1992）他提出的连贯关系系统具有一定优势，它们是基于这些关系的形式定义，而不是主观的判定。

1.2.5.5　Grosz, et al. 的向心理论和话语结构

计算语言学中的向心理论描述相邻话语间的连贯，是局部话语连贯的模型。根据 Grosz, B. J., Joshi, A. K., & Weinstein, S (1983, 1995)，中心（centre）是话语中的实体，将这个话语(utterance)与其他话语连接。话语片段中的每句话语都有下指中心(Cf（U, DS),）除了起始的话语之外，每句话语都有一个回指中心 Cb（U, DS)，话语 Un+1 中的回指中心，与话语 Un 中的下指中心相联系。下指中心 Cfs 是由当前话语激发的语义实体构成，Cfs

为后续的话语提供潜在的指称链，在当前的话语状态中有不同的注意凸显度，最突显的成分为后面话语中后续提及的最优候选。凸显度与实体的位置相关，例如：主语 > 宾语。具有局部连贯的话语包括一个特定的回指实体 Cb，与前一话语形成语义衔接。回指实体 Cb 是前一话语中最突显的成分，再一次出现在当前的话语中。除了提供与前一话语的连接，Cb 也被描述成话语主题的表征（Walker，1989；Brennan et al.，1987）。

向心理论包括三个制约条件和两条规则：

对于由语段 U1，…，Um 组成的语篇片段 D 中的每一个语段 Ui：

（1）只有一个回指中心 Cb（Ui，D）；

（2）下指中心集合 Cf（Ui，D）的每一个成分都必须在 Ui 中实现；

（3）回指中心 Cb（Ui，D）在 Ui 中所实现的下指中心 Cf（Ui－1，D）中显著度最高。

规则 1：如果下指中心 Cf（Ui＋1，D）的某一个成分在语段 Ui 中表现为代词，那么，该语段的回指中心 Cb（Ui，D）也应该表现为代词；

规则 2：三种转换状态中，中心延续优于中心保持，保持优于转换。

中心延续指的是 Cb（Un＋1）＝Cb（Un），回指中心是 Cf（Un＋1）中最高级别的成分，并成为 Cb（Un＋2）的最可能选择，它持续在 Un＋2 作为回指中心。

中心保持：Cb（Un+1）=Cb（Un），但是，这个实体不是Cf（Un+1）中最高级别的成分，尽管它保持作为Cb（Un+1），但是，不能在Un+2做回指中心。

转换：Cb（Un+1）≠Cb（Un）

由于使用了不同的语言表达，而引发了不同的转换关系，所以，造成了连贯的不同。Allan Ramsay（2009：132）认为：一个话语中，几个中心持续，然后是中心转移的话语要比只包含中心转移的话语更连贯。话语连贯受到话语片段的中心性质和指代表达选择的相容性。

Grosz & Sidner（1986）将意图结构和话语的注意焦点相结合描述话语结构。提出话语结构由三个部分构成：话语序列结构、意图结构、注意焦点状态。话语序列结构指的是话语片段和话语片段之间的关系，包括支配和满足优先两种结构关系。意图结构是话语片段意图之间的关系，意图间主要有两种关系：支配和满意优先。意图可以被层级性结构化，包括局部意图和整体意图。注意状态记录了语篇特定点上的凸显的物体、性质或关系。决定话语片段意图的三种信息有：语言学标记语、每句话语（utterance）层面的意图、话语域中行为和计划的一般知识。话语序列结构取决于意图结构。注意状态在话语序列结构和意图结构之间起调和作用。选择某一语言表达形式来指代话语实体是为了将发话者的意图和注意中心相对应。

两个层面的注意状态和整体/局部连贯相对应，话语片段中注意状态的改变和话语片段之间注意状态的改变。用栈（stack）反映注意状态的整体部分，栈中焦点空间的进站和出栈取决于意图关系。连贯的程度与根据特定的注意状态而使用不同的指称表达所需的不同推理努力有关。

在面向计算的话语连贯研究中，除了上面提到的话语连贯规则研究，还有连贯算法方面的研究。例如：E. Althaus，N Karamanis，A. Koller（2004）提出了一个算法，将句子进行最佳排序构成一个局部连贯话语。认为话语排序问题是一个非多项式完全的问题（NP - complete），不能用逼近算法计算。

1.2.6 话语连贯的语言哲学阐释

杜世洪和卡明斯（2011）从哲学的角度研究连贯，认为连贯是一个语言哲学概念。衔接是语言客观世界中的具体概念，具有确定性、物理性，可以高度形式化；而连贯是抽象的概念，集合认知、心理、感觉于心智主观世界。连贯具有本体存在性，但是表现为主体间性以及主体间的开显与隐蔽，在一定范式下，连贯具有二元性，甚至三元性。语言哲学视域下，连贯不是规则性概念而是规范性概念。规范具有典范或者合乎某种模式，具有弹性。连贯不是给出的，而是构建出来的。

1.3 小结

本章对话语及话语连贯进行了基础性梳理，主要从语义层面、语用层面、认知层面、心理层面、计算层面及语言哲学方面分析了话语连贯，为后续研究奠定基础。

参考文献

[1] Allan Ramsay. Discourse. In Ruslan Mitkov (eds), The Oxford Handbook of Computational Linguistics. Oxford University Press, 2009.

[2] Beaugrande, Rober De. & Wolfgang Dressler. Introduction to Text Linguistics[M]. Longman, 1981.

[3] Beaugrande, Rober De. Text, Discourse, and Process: Towards a Multidisciplinary Science of Texts[M]. Norwood, NJ: Ablex, 1980.

[4] Blakemore, D. Understanding Utterances [M]. Oxford: Blackwell, 1992.

[5] Brown, G. and G. Yule. Discourse Analysis [M]. Cambridge University Press, 1983.

[6] Brennan, S. E., Friedman, M. W., & Pollard, C. J. A centering approach to pronouns[A]. Proceedings of the 25th annual meeting of the Association for Computational Linguistics [C]. Cambridge, MA: Association for Computational Linguistics, 1987.

[7] Campell, K. S. Continuity and Cohesion: Theoretical Foundation of Document Design [M]. New Jersey: Lawrence Erlbaurn Association, 1995.

[8] Chafe, W. The Flow of Thought and the Flow of Language[A],

in:T. Givbn,ed. ,Syntax and Semantics[C],1979,12.

[9]Chafe,W. Cognitive constraints on information flow[A]. In R. Tomlin (ed.) Coherence and Grounding in Discourse[C]. Amsterdam: John Benjamins,1987,21 -51.

[10]Crystal,David. A dictionary of linguistics and phonetics[M]. New York:Blackwell,1985.

[11]Dane,F. Functional sentence perspective and the organization of the text [A]. In Dane, F. (ed.). Papers on Functional Sentence Perspective [C]. The Hague:Mouton,1974.

[12]Dooley,R. & Levinson,S. 话语分析中的基本概念[M]. 外语教学与研究出版社,2008.

[13] D. Marcu. From Local to Global Coherence: A Bottom-up Approach to Text Planning [A]. In Proceedings of the 14th AAAI [C],1997.

[14]Eggins,S. An Introduction to Functional Systemic Linguistics. London:Pinter Publishers,1994.

[15] Enkvist, N. Coherence, Pseudo - Coherence, and Non - Coherence[A], in:J. L. Ostman (ed.), Semantics and Cohesion [C]. Abo:Abo Akademi Foundation,1978.

[16] E. Althaus, N Karamanis, A. Koller. Computing Locally Coherent Discourses[A]. Proceedings of Annual Meeting on Association for Computational Linguitstics[C],2004.

[17]Fauconnier,G. ,& Turner,M. Conceptual integration networks

[J]. Cognitive Science,1998(22):133 –187.

[18] Fauconnier,G. & Turner,M. ,Blending as a Central Process of Grammar[A]. In Goldberg, A (ed.). Discourse and Cognition[C]. Stanford:CSLI Publications,1996.

[19] Fillmore,C. Pragmatics and the Description of Discourse,In C. Fillmore et al. (eds.). Berkeley Studies in Syntax and Semantics,Vol. 1. Berkeley,California:University of California,1974.

[20] Fries,P. H. On the status of theme in English:arguments from discourse [A]. In J. S. Petofi & E. Sozer (eds.). Micro and Macro Connexity of Texts[C]. Hamburg :Helmut Baske,1983.

[21] Garnham, A. Where does Coherence Come from? A Psycholinguistic Perspective [A]. Occasional Papers in Systemic linguistics[C]. 1991,Vol. 5.

[22] Giora R. Notes Towards a Theory of Text Coherence[J]. Poetics Today. 1985,Vol. 6,No. 4. 31 [30] Giora,R. What's a Coherent Text? [A]. In E. Sözer (ed.)Text Connexity,Text Coherence:Aspects, Methods,Results[C]. Hamburg:Buske,1985.

[23] Giora, R. Discourse Coherence and Theory ofRelevance: Stumbling Blocks in Search of a Unified Theory[J]. Journal of Pragmatics,1997,27.

[24] Giora,R. Discourse Coherence is an Independent Notion:A Reply to Deirdre Wilson[J]. Journal of Pragmatics,1998,29.

[25] Givon,Taomy. Coherence in Theory of Grammar. In Text vs.

Coherence in Mind [A]. in Morton Ann Gernsbacher &Talmy Givon (eds), Coherence in Spontaneous Text [C]. Amsterdam: John Benjamin, 1995.

[26] Grimes. The Thread of Discourse [M]. The Hague: Mouton, 1975.

[27] Grosz, Barbara J. and Candace L. Sidner. Attention, Intentions and the Structure of Discourse [J]. Computational Linguistics, 1986, 12.

[28] Grosz, B. J., Joshi, A. K., & Weinstein, S. Centering: a framework for modeling the local coherence of discourse [J]. Computational Linguistics, 1995.

[29] Grosz, Barbara J. and Candace L. Sidner. Attention, Intentions and the Structure of Discourse [J]. Computational Linguistics, 1986, 12.

[30] Guy Cook. Discourse and Literature: The interplay of Form and Mind [M]. Oxford: Oxford University Press, 1994.

[31] Halliday & Hasan. Cohesion in English. London: Longman, 1976.

[32] Halliday, M. A. K. and Hasan, R. Language, Context, and Text: Aspects of Language in a Social - semiotic Perspective [M]. Oxford: Oxford University Press, 1985.

[33] Halliday& Webster. Continuum Companion to Systemic Functional Linguistics [M]. London: Continuum International Publishing Group, 2009.

[34] Hasan. Coherence and Cohesive Harmony [A] in Flood, J.

(ed.) Understanding Reading Comprehension [C]. Delaware: International Reading Association, 1984.

[35] Hasan, R. Situation and the definition of genres[A]. In A. D. Grimshaw (ed.) What's Going on Here: Complementary Studies of Professional Talk[C]. Norwood, NJ: Ablex, 1994.

[36] Harris, Z. Discourse Analysis[J]. Language, 1952.

[37] Hobbs. J. A Computational Approach to Discourse Analysis [R]. Department of Computer Sciences, City College, City University of New York, 1976.

[38] Hobbs. J. Coherence and – Coreference[J]. Cognitive Science, 1979(3).

[39] Hoey, M. Patterns of Lexis in Text[M]. 上海外语教育出版社, 2000.

[40] Hovy, Eduard H. Parsimonious and profligate approaches to the question of discourse structure relations [A]. Proceedings of the 5th International Workshop on Natural Language Generation[C], 1990.

[41] Hovy, Eduard H. Planning Coherent Multisentential Text[A]. Proceedings of the 26th ACL Conference[C], 1988.

[42] Johnson – Laird, P. N. Mental Models: Towards a Cognitive Science of Language, Inference, and Consciousness[M]. Cambridge, MA: Harvard University Press, 1983.

[43] Kehler, A. Coherence and the resolution of ellipsis [J]. Linguistics and Philosophy, 2000, 23.

[44] Kehler, A. Coherence, Reference and the Theory of Grammar [M]. California: CSLI Publication, 2002.

[45] Kristin M. Khoo. Threads of Continuity and Interaction: Coherence, Texture and Cohesive Harmony [A]. Edited by Wendy L. Bowcher, Jennifer Yameng Liang Society in Language, Language in Society Essays in Honour of Ruqaiya Hasan [C]. Palgrave Macmillan, 2016.

[46] Labov. The Study of Language in its social context [J]. Studium Generale, 1970(23): 66 - 84.

[47] Lautamatti, L. Coherence in Spoken and Written Discourse [J]. Nordic Journal of Linguistics, 1982, 5.

[48] Longacre, R. E. The Paragraph as a Grammatical Unit [A]. in: T. Givon. ed., Syntax and Semantics [C]. New York: Academic Press, 1979.

[49] Mann, William C. and Sandra A. Thompson. Relational Propositions in Discourse [J]. Discourse Processes, 1986, 9.

[50] Mann, William C. and Sandra A. Thompson. Rhetorical Structure Theory: toward a Functional Theory of Text Organization [J]. Text, 1988, 8.

[51] Mann, W. C. RST website [http://www.sfu.ca/rst], 2005.

[52] Maier, E. and Hovy, E. A Meta functionally Motivated Taxonomy for Discourse Structure Relations [A]. Proceedings of 3rd European Workshop on Language Generation [C]. Innsbruck, Austria,

1991.

[53] Maier, E. &Hovy, E. Organizing Discourse Structure Relations Using Metafunctions [A]. in H. Horacek and M. Zock (eds) New Concepts in Natural Language Generation[C]. London: Pinter, 1993.

[54] Merel C. J. Scholman Jacqueline Evers - Vermeul Ted J. M. Sanders. A Step - Wise Approach to Discourse Annotation: Towards a Reliable Categorization of Coherence Relations [J]. Dialogue & Discourse, 2016, 2.

[55] Morgan. Toward a Rational Model of Discourse Comprehension [J]. American Journal of Computational Linguistics, 1979, 79.

[56] Pike, K. L. Language in Relation to a Unified Theory of the Structure of Human Behavior[M]. The Hague, 1954.

[57] Reinhart, T. Conditions for Text Coherence[J]. Poetics Today, 1980 (1).

[58] Reinhart, T. Pragmatics and Linguistics: An Analysis of Sentence Topic[J]. Philosophica, 1981, 2

[59] Sanford, A. Coherence: Psycholinguistic Approach[A]. In K. Brown (Eds.), Encyclopedia of Language and Linguistics. Volume 2 [C]. Amsterdam: Elsevier, 2006.

[60] Sanders, Ted J. M., Wilbert P. M. Spooren and Leo G. M. Noordman. Coherence Relations in a Cognitive Theory of Discourse Representation[J]. Cognitive Linguistics, 1993(1).

[61] Sanders, Ted J. M., Wilbert P. M. Spooren and Leo G. M.

Noordman. Toward a Taxonomy of Coherence Relations [J]. Discourse Processes,1992,15.

[62] Sanders, T, Matte, H. Cohesion and Coherence: Linguistic Approaches[A]. In K. Brown (Eds.), Encyclopedia of Language and Linguistics. Volume 2[C]. Amsterdam:Elsevier,2006.

[63] Sperber, D. & D. Wilson. Relevance: Communication and Cognition [M]. Oxford:Blackwell,1986/1995.

[64]Steiner ,J. Mch. &Veltmen,R. 1988. Pragmatics,discourse and text. Norwood,N. J:Ablex. 58

[65]Stubbs,J. Discourse Analysis. The Sociolinguistics of Natural Language[M]. Oxford:Basil Blacknell,1983.

[66]Walker,M. A. Evaluating discourse processing algorithms[J]. Proceedings of the Twenty – Seventh Annual Meeting of the Association for Computational Linguistics[C],1989.

[67]Widdowson,H,J. Teaching language as Communication[M]. Oxford:Oxford University Press,1978.

[68]Widdowson,H. G. Explorations in Applied Linguistics[M]. Oxford:Oxford University Press,1979.

[69]Widdowson,H. G. Discourse Analysis[M]. 上海:上海外语教育出版社,2012.

[70] Wilson, D. Discourse, coherence and relevance: A reply to Rachel Giora[J]. Journal of Pragmatics,1998(29):57 – 74.

[71] Van Dijk, T. A. & Kintsch, W. Strategies of discourse

comprehension[M]. New York: Academic Press, 1983.

[72] Van Dijk. Discourse as Structure and Process [M]. Sage Publications, 1997.

[73] 程晓堂. 基于功能语言学的语篇连贯研究 [M]. 外语教学与研究出版社, 2005.

[74] 杜世洪, 卡明斯. 连贯是一个语言哲学问题——四十年连贯研究的反思 [J]. 外国语, 2011, (4).

[75] 杜世洪. 从连贯的二元性特征看阐释连贯的三类标准 [J]. 外语与外语教学, 2002, (3).

[76] 胡壮麟. 语篇的衔接与连贯 [M]. 上海外语教育出版社, 1994.

[77] 李佐文. 话语联系语对连贯关系的标示 [J]. 山东外语教学, 2003, (1).

[78] 廖秋忠. 廖秋忠文集. [M]. 北京: 北京语言学院出版社, 1992.

[79] 张德禄. 语篇连贯与衔接理论的发展与应用 [M]. 上海外语教育出版社, 2003.

[80] 张德禄. 语篇连贯与信息结构 [J]. 外语研究, 1992, (3).

[81] 张德禄. 语篇连贯纵横谈 [J]. 外国语, 1999, (6).

[82] 张德禄. 论语篇连贯 [J]. 外语教学与研究, 2000, (2).

[83] 张德禄. 语篇连贯的宏观原则研究. 外语与外语教学,

2006，(10).

[84] 张新杰、邱天河. 语篇连贯研究综述，外语与外语教学，2009，(10).

第二章

话语连贯计算的意义与内容

2.1 话语连贯关系计算的重要性

话语具有可计算性是计算机处理语言的前提，话语连贯关系的计算是话语计算的重点。

2.1.1 语篇连贯关系

有组织的语言主要包括话语和篇章，前者主要用于口语，后者主要用于书面语，此处用“语篇”一词作为统称。语篇是指按照语法和句法要求组织起来的、形式上衔接的、语义上连贯的、能够用于表达或交流信息的一系列连续的句子构成的语言整体。语篇之所以能够成为语篇且表达一定的中心思想，是因为其各个组成部分之间具有连贯关系。连贯关系是将语篇中的各个部分联系起来的有形或者无形的手段。有形的连贯关系是指带有衔接手段的连贯关系，例如“因为”表示因果的连贯关系，“但是”表示转折关系等。无形的连贯关系是指具有连贯关系但没有明显衔接手段的连贯关系。例如“他听到外面雷声阵阵，拿了把雨伞才出门。”这两个小句之间具有因果关系，但连贯关系靠语义表达，没有明显表示因果关系的衔接性词汇。可见，连贯关系是语篇的基本属性，不连贯的句子或段落只是一堆文字，而非语篇。

2.1.2 连贯计算的意义

对语篇进行分析的关键是对其中包含的连贯关系进行分析。人们在阅读理解时，通常都是找出中心思想或根据所读内容进行问题解答，这就要求对语篇连贯关系有清晰的理解，只有把握住连贯关系，才算真正地理解了语篇。即便没有做题要求，人们在阅读文章时会自然而然地寻求主旨大意。目前处于大数据时代，计算机在各个领域逐步辅助人工，甚至替代人工，但除了执行简单的指令和计算任务之外，计算机想要真正地成为人类有利的帮手，首要任务是学会处理语言，即当下科学研究的重点项目——自然语言处理。

以往对连贯关系的研究将其分为显性连贯关系和隐性连贯关系，这与前文叙述的有形衔接手段和无形衔接手段是一致的。计算机在自然语言处理中对于显性连贯关系的研究已有一定成果，困难主要在于隐性连贯关系上。当下已有一批计算机专家在研究语言计算模型，试图改善自然语言处理各项具体任务的效果，例如主题词或主题提取人机对话、智能问答系统等。计算机领域在模型的设计上主要以概率为基础来提取所需信息，目前正在逐步加入背景信息，或是结合不同模型进行计算，以使提取的信息更加精确。语言学领域也在逐步从语言学的角度来对语篇分析进行详尽解析，以便提供给计算机更加精确的各种特征。两个领域的研究具有相同的终极目标，即为自然语言处理提供更好的语料、细致的分析和合适的计算模型，从而使语言处理达到更理想的效果。

可见，自然语言处理是跨计算机和语言学两个领域的课题，两个领域的专家和学者共同研究。前者在分析语言材料的基础上，总结出普遍规则，为自然语言处理提供分析详尽的语料和语言使用规则；后者可以将语言规则和语料转化成计算模型的特征，用以处理大量的语料，例如信息筛查、批量主题或主题词提取等。人类在处理语言时细致、准确性高，但若要处理大量的语料，则费时费力；计算机擅长处理大量信息，但在准确性方面有待提高。因此，当下的自然语言处理的一项重要课题就是提高计算机处理语言的准确性，即让计算机精准地理解和使用语言。

计算机处理语言是在有足够输入的基础上模拟人脑进行语言处理。人脑处理语言的过程就是理解和使用语言的过程。如前文所述，人脑理解和使用语言的重点在于把握语篇连贯关系，因此，自然语言处理中的一项重要任务也应该是计算语篇连贯关系。当下自然语言处理方面的局限性很大程度上在于计算机不能像人脑一样结合不断变化的语境全面掌控语篇连贯关系，因此，在理解语篇内在含义方面稍有逊色。这也是计算机无法理解会话含义的原因所在。如果计算机能够理解语篇内部各个组成部分之间内在的连贯关系，就能够更精准的处理语言。可见，语篇连贯关系的计算是计算机处理语言的基础。

前文已提到，语篇连贯关系并非都有明显衔接手段的，尤其是在汉语中，无形的连贯关系在真实语料中占绝大多数。这种连贯关系的识别主要依靠背景知识或语篇发生的语境。背景知识可以提前输送给计算机，计算机可以存储无限大量的背景知识，但是如何在具体使用中提取最适合的背景知识，还需要依赖语境。语境分为语言语境和非语言语境，前者是指语法特征、句法特征、超音段音位特征等，后者主要指文化语境和语篇发生时的临时性语境。语境是动态的，会随着不同的情况发生变化，理解不同语境中的语篇需要选择不同的背景知识。因此，计算机识别语篇连贯关系的基础是能够根据语境准确选择出所选的背景知识，将二者结合用于语篇理解。计算机对语篇连贯关系的正确识别可以保证对自然语言理解的正确性和输出的正确性。

2.1.3 连贯关系计算的用途

首先，连贯关系的正确识别能够帮助计算机更快、更准确地找到语篇的主题。

例 1

十九大报告提出，要坚持在发展中保障和改善民生，<扩展（解释）>在幼有所育、学有所教、劳有所得、病有所医、老有所养、住有所居、弱有所扶上不断取得新进展，<扩展

（目的）＞保证全体人民在共建共享发展中有更多获得感。

这一例中包括三个小句，前两个小句之间的连贯关系是扩展中的解释关系，虽然没有明显的与解释相关的标记，但后面的内容是对前面“保障和改善民生”的解释，最后一个小句与前一个小句之间的连贯关系是扩展中的目的关系，前面的做法是为了“保证全体人民在共建共享发展中有更多获得感”。能够正确理解该语篇中各个小句之间的关系就能够更好地找出中心思想，即最后一个小句。有了连贯关系，计算机就能更快、更准确地识别出语篇的中心思想。连贯关系可以作为特征输入计算机，以便计算出更精确的结果。上述例子用图式的方法可以表示如下：

首先，将例句分句处理为：

S1 十九大报告提出，要坚持在发展中保障和改善民生，

S2 在幼有所育、学有所教、劳有所得、病有所医、老有所养、住有所居、弱有所扶上不断取得新进展，

S3 保证全体人民在共建共享发展中有更多获得感。

该语篇可以图示为：

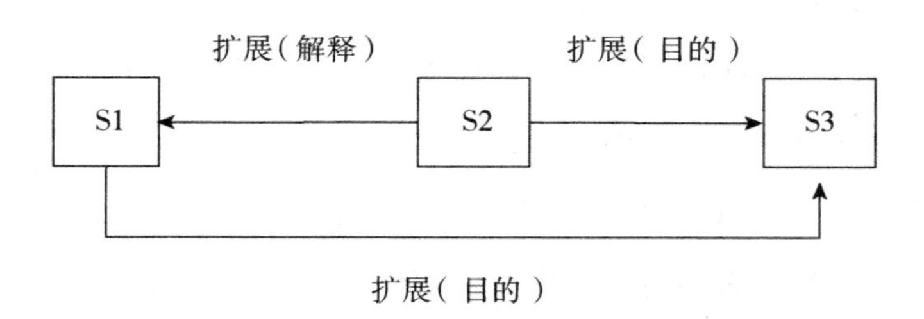

该图中将连贯关系做出标记，从中可以一目了然地看出 S3 是该语篇的中心思想，这为语篇连贯关系的计算提供了基础。

其次，连贯关系的正确识别能够使人机对话更加顺畅。在智能问答系统中，很多人机对话让人觉得哭笑不得，这样的情况主要是两个原因造成的。一是系统内信息存储量不够，机器无法根据问题搜索出适当的答案，但通常系统设定有问必答，便会做出不当回答。但信息存储量的问题不难解决，更重要的是另外一个原因，就是计算机由于无法识别客户话语中的连贯关系、无法正确理解对话内容而导致答非所问。

例 2

人：小明在学校跟同学打架了。

机：打架是不对的。

人：他连同学都敢打，真勇敢啊！

机：勇敢的孩子值得表扬。

人：表扬？怎么表扬？

机：是的，表扬，他是个遇事不退缩、勇于向前的人。

该例中人与计算机的对话貌似一直衔接的，但是在人说出“勇敢”这一反语后的对话与前文并没有达到良好的连贯。如果该对话发生在人与人之间，大部分人都能够理解“勇敢”是反语，后面的对话可能会有完全不同的内容。只有计算机能够理解“打架”的行为与“勇敢”的评价之间的对立关系，才有可能做出适当的回答。

再次，连贯关系的正确识别能够使计算机在阅读理解中更加准确地找到问题的答案。当就一个语篇提出问题时，答案很可能散布于语篇的各个句子中，此时，了解语篇各个句子之间的连贯关系有助于寻求问题的答案。

例 3

齐国的贵族们流行赛马，且赌注很大。一次，田忌带孙膑去参加赛马。几场比赛过后，田忌的马总是差那么一点点就可以赢齐王的骏马。孙膑对田忌说："据我观察，您的马和大王的马差不了多少，可以分成上、中、下三等。接下来的比赛，您用自己的下等马去和大王的上等马比，用上等马和大王的中等马比，用中等马对付大王的下等马。"田忌一听，立刻明白了其中的道理。果然，三场过后，田忌输一次，胜两次，赢得了丰厚的赌注。

问题：田忌靠什么赢了齐王?

A. 因为田忌的马厉害。

B. 因为田忌的马分为上、中、下三等。

C. 因为孙膑献策。

D. 因为孙膑去观赛。

要找到问题的答案，就要了解孙膑献策与田忌获胜之间的因果关系。可见，语义连贯关系对阅读理解中寻求正确答案起到关键作用。

Narasimhan 和 Barzilay 将语义关系用于计算机阅读理解系统之中，提出问题求解的模型。该模型中，答案出现的概率由两个因素决定，一是问题中给定段落里句子的条件分布，以便识别出回答问题所需的句子；二是通过给定问题和句子来对选择答案的条件概率进行建模。简言之，问题答案的概率等于出现该问题的句子的概率和这些句子中出现答案的条件的概率决定。该模型后来被进行了两次修订，一是将一个支持句扩展到多个支持句，二是添加表示连贯关系的变量，把问题类型与连贯关系类型结合起来当作特征输送给计算机，利用连贯关系计算语义相似性。

连贯关系的正确识别能够用于自然语言处理的很多具体任务，如问答系统、主题提取、关键词检索、机器人服务、机器翻译、信息读取与分类、机器阅读理解等。但计算机识别语篇连贯关系的前提是有大量标注好的语料，用这些语料进行训练、学习、测试，反复这个过程并不断调整模型以达到最终的目的，连贯关系的标注需要一定的人工力量才能完成，标注人员之间的一致性十分重要。虽然工程浩大，但经过努力，计算机如果能够自动识别连贯关系，那么在语义计算方面会取得质的飞跃。

前文已有论述，当下自然语言处理在细颗粒文字处理方面收获颇丰，但在篇章层面发展空间仍较大，主要是篇章级连贯关系的研究，计算机无法自动识别连贯关系限制了自然语言处理的发展进程和速度。计算机不易学习和识别篇章级连贯关系，因为连贯关系并不是都带有明确的连贯标记，且具体应用中的语言句式复杂，尤其是汉语，会话含义比比皆是。面对这样的情况，计算机需要具备强大的语言学及语境方面的相关知识储备，而现行的自然语言处理应用方面仍主要依靠概率算法，因此对于复杂的语言无法做出正确的理解。除此之外，造成连贯关系识别方面有局限性的问题还有一个重要的原因，即虽然当下已有一部分研究者认识到了从语言学入手解决自然语言处理问题的重要性，但研究仍处于起步阶段，已有的研究大多基于自行建立的小型语料库，由于人力和技术的限制，研究范围尚有局限。当下亟待深入研究并解决的问题在于形成整体规划，组织课题组，配以较强的技术人员，为语言学家和计算机专家提供广阔的合作平台，以求得自然语篇计算的深入、迅猛发展。

无论是书面文字的语篇还是用于交际的话语都是连贯的，按照一定规则排列起来并用于某种用途的语言单位。它们形成的主要因素就是连贯，缺少了连贯，就变成一堆没有意义的文字，无法完成表述或交际意图。连贯关系是依靠人脑中储备的各种规则形成的，计算机处理自然语言的过程就是模仿人脑组织和理解语言的过程。因此，当下研究的重点主要有两点，一是弄清楚人脑处理语言的步骤与关键因素，二是为计算机模拟人脑开辟出一条可行性途径。

2.2 话语标记与话语连贯

2.2.1 话语标记语

连贯性标记语的名称很多，主要使用话语标记语（discourse markers）和话语联系语（discourse connectives）。话语标记语是指用来表明语篇各个组成部分之间连贯关系的用语，如虽然、但是、因为、所以、如前文所述、综上所述、as a result、therefore、but、however、what's more、that is to say 等。这些词或者短语只表达语篇连贯关系，不涉及语篇内容的表达。话语标记语包括但不仅限于句法意义上的连接词，还包括能承担连贯功能的短语和句子。

例 4

This is a great *and* arduous task.（这是一项伟大而艰巨的任务。）

例 5

Nothing *but* perseverance can make us succeed.（只有恒心才能使我们成功。）

例 6

她外表柔弱，但内心坚强。

话语标记语连接的两部分内容并不一定处于对等状态，有些短语或句子连接的两部分中会有一部分缺失，如综上所述、如前文提及、to sum up、to be exact、in short 等。除此以外，话语标记语还包括以下几种：

内指标记语（endophoric markers），它是一种具有语篇功能的话语提示性用语，其功能是将当前的话语与语篇中的前后文联系起来，使语篇前后内容达到更好的连贯性，以便更好地表达意图。

注释标记语（code glosses），它是能够引导发话者提供解释性信息的标记，可以有效辅助读者或听众理解话语。此类标记语包括 in other words、for example、namely、that is 等。

证源标记词（evidentials）是指能够表达信息来源或者证明信息来源的标记性用语。发话者使用此类用语主要是为了提升话语可信度和权威性，证源标记词属于外指性标记语，如根据……、常言道……、it is reported that…、according to…等。

2.2.2　语篇连贯

语篇连贯是指语篇内部各个组成部分之间的语义关系。此处的语篇包括口语中的话语和书面语中的篇章，它们都是按照一定的语法规则和连贯原则组织起来的语言。它们之间的连贯关系有的由明显的连接词表达，有的是暗藏于字里行间，有了这些连贯关系，语篇才能形成。

例 7

因为他在学校跟同学打架，所以老师让他在教室外罚站。

例 8

他在学校跟同学打架。老师让他在教室外罚站。

这两个例子中的句子都是连贯的，例 7 中的两个部分之间有明显的连贯性标记语表示二者之间的因果关系。例 8 中尽管没有使用任何标记性用语，但根据前后两句话的意思，也能够推测出二者之间的因果关系。

在语篇的生成过程中，为了更好地表达内容，帮助读者或者听众理解，发话者或者作者总是会选择使用一些连贯性标记语来作为辅助，这些标记语在语篇理解过程中作用重要，尤其是在计算机处理语言时，作用更加重要。

2.3 话语连贯关系计算的内容与方法

语言计算的前提是语言可以被计算。语言的计算性问题是计算语言学研究的范畴。20世纪50年代，计算语言学（computational linguistics）开始发展，是采用计算机技术来研究和处理自然语言的一门新兴学科。计算语言学是一门交叉学科，是语言学与计算机科学交叉的产物，在这一术语出现前，就已经有人试图通过概率、统计、数学模型等方式来研究语言。瑞士语言学家索绪尔曾将语言比作几何系统，可以靠定理分析。美国语言学家布龙菲尔德也提出过“数学只不过是语言所能达到的最高境界”的观点。当语言与计算有所交叉，计算语言学便诞生了。其最初主要研究自然语言处理（NLP，Natural Language Processing）、自然语言理解（NLU，Natural Language Understanding）和人类语言技术（HLT，Human Language Technology）。20世纪50年代图灵在《机器能思考吗?》一文中提出计算机在智能领域发展的可能性，并且预见了计算机与自然语言处理的关系，试图用让计算机说英语或理解英语来检验计算机的智能。随着科技的发展，人工智能越来越受到重视，各大软件公司不断开发在线翻译及人机对话等软件系统，能够在语言分析、上机测试、基础医疗建议、点餐服务等方面为人类提供服务，进一步解放人力。计算话语学以计算语言学为基础，对计算机理解人们使用中的话语进行深入研究，希望能够通过挖掘人脑的认知机制对计算机程序设计提供帮助，进而推动人工智能的发展。

语言计算首先要将语言以计算机看得懂的方式输入给计算机，即将语言形式化，像运用数学公式计算数学题一样用语言公式来“计算”语言。简单来说就是让计算机按照人理解和处理语言的方式来分析语言，从而帮助人完成某项任务。但是实际的语言使用或交际中，在语境信息和背景知识不足的情况下，人脑处理语言有时也会出现理解偏差，计算机处理语言时就更可能出现失误。例如，儿童可能由于背景知识的匮乏无法理解成年人话语中的会话含义，这一点可以解释为什么年龄小的儿童无法理解反语之类的话语。人脑具有认知能力，在使用语言时会通过新信息的刺激来激活已有信息，形成知识网络，调取理解当前话语所需的信息，在新旧信息结合的基础上理解语言。计算机模拟这一过程是基于语言的可计算性，计算的实质由计算机的计算特性来决定。（陈忠华，2003：5）在人工智能领域，计算机就是依靠形式特征对语言的意义进行处理。在篇章层面的计算主要是基于对语篇连贯关系命名实体等的计算来获取信息，以精准理解语言并进行符合要求的处理。

可见，连贯关系的计算是话语计算的重要内容之一。连贯关系有显性和隐性之分，也有整体与局部之分。从连贯有无标记的角度来看，连贯关系有两种，一是显性关系，即话语中出现类似话语标记语、关系连词的词或短语，其连贯关系比较容易识别。二是隐性关系，即语义的连贯性存在于内容而非形式中。这类连贯关系在人的交流中很常见，在心智正常、具有一定背景知识的交流者之间不会引起困惑。但是，若交流者没有抓住临时语境或是背景知识相差甚远，例如中途参与交流的人很有可能由于缺乏之前的语境而无法理解话语。计算机对于话语显性关系的识别比较准确，这一点在自然语言处理的应用中已经表现得很明显，例如机器翻译和文章改写之类的软件，在显性关系的识别中基本没有问题。然而，对于没有显性表达的隐性连贯关系，如上文所述，即使在知识层面不同的人之间也可能出现误解。对计算机而言，识别隐性连贯关系存在困难，常规性的关系可以通过语境知识加以判断，推测出语义；但是非常规的、运用了一定修辞手段的话语连贯关系识别一直是计算机识别语义的难题。

从连贯的层次角度来看，连贯关系分为整体连贯关系与局部连贯关系。语篇的连续性由局部连贯关系来完成，局部连贯可以由各种连贯手段来完成，例如连接词、词汇共现、具备反义或同义词等。Hobbs（1985）认为人们理解语言的关键就在于理解语篇中的连贯关系。他提出语言处理中有推理组件，推理组件相当于连贯标记，可以通过它们来识别语篇连贯关系。

Mann & Thompson 的修辞结构理论（RST）中对连贯关系的阐释也是基于语篇是具有层级性相连结构的设想。在结构完整的语篇中，语篇的各个组成部分都在不同层面上有各自的功能，共同作用于整个语篇。该理论下，语篇的修辞结构中包含多种关系命题，这些关系命题可能由带形式标记的，如由连接词联系，也可能没有任何形式标记。关系命题的存在对语篇的连贯性至关重要。国内外有不少学者基于修辞结构理论对自然语言处理进行了研究。

篇章级的连贯关系是语篇研究的重点，国内外广大学者从语义、语用、社会、认知和计算等角度对其进行了研究。目前，从计算的角度来研究语篇连贯是个热点。连贯关系既是语篇固有的属性，又具有可分析性。计算机正确、合理地理解短语、小句、句子、段落、段落群等之间的连贯关系才能正确处理语篇。因此，语篇连贯关系是提升自然语言处理精确度的关键。

Kehler（1994），Knott & Dale（1994），Webber（1999）等都从语篇中的“关系”来分析语篇连贯性的问题，以英语语篇为语料进行分析，已形成一些较为实用的语料库。对于汉语语篇连贯关系的研究处于起步阶段，汉语语篇连贯关系更为复杂，相关语料库建设尚未成熟，在汉语适用的连贯关系分类体系、整体连贯性识别、局部连贯性解析、如何用形式来表示语义、语篇连贯性的好与坏等方面仍有很大研究空间。

合理对连贯关系进行分类，找出连贯关系的特征是计算机识别和处理的关键。以英语为语料的连贯关系分类研究虽不能平移至汉语语料的研究，但也有一定的借鉴作用。例如韩礼德和哈桑衔接理论中的四大类，沃尔夫的十一种等。但针对英语的连贯关系不能直接用于汉语。因此我国学者也对连贯关系进行了分析，种类繁多。关于连贯关系的分类将在第七章中予以详述，此处不做细致分析。

分类的方式不同，目的不同，标准就不同，那么分出的类别也会不同。适合汉语语篇计算的分类一直处于探讨中，没有统一定论。当下已有的分类多是作者基于自己的研究目的进行的分类。无论哪种分类，都有其自身的标准并服务于研究目的。本课题研究中需要一套以汉语语篇计算为目的的汉语语篇连贯关系分类系统，相关分类将在第七章进行详述。

2.3.1 局部连贯关系的判定

根据前文所述，连贯关系可以分为整体连贯关系和局部连贯关系两类。首先，我们来分析一下局部连贯关系的判定标准以及它在语篇计算中的作用。局部连贯关系是语篇中相邻组成部分之间的逻辑语义关系。相邻部分的连贯关系可能由一系列提示性话语做出标记，这些提示性话语可以作为判定局部连贯关系的标记。作为连贯关系标记的提示性话语有几种不同的名称，例如连接词、话语标记语或话语联系语等。它们的具体表现形式可能是词，也可能是短语，它们在语篇中只标记组成部分之间的关系或者说话人的态度，不直接参与命题意义的表达（李佐文，2003：32）。

话语标记语对语篇连贯关系的表达起到重要的指示性作用。人工智能领域逐步开始研究通过话语标记语来分析或计算语篇连贯关系的相关课题，如邹嘉彦等（1998）研究了基于话语标记语的中文篇章中句子关系的标注。鲁松、宋柔（2001）研究了基于话语标记语来识别英汉翻译中的句子之间的连贯关系。姚双云等（2012）对汉语句子。尤其是复句中话语标记语的使用和自然语言处理中的汉语语法进行了研究。基于话语标记语的语篇连贯关系研究受到广大学者的青睐是由于这些标记性词汇或短语能够使语篇各个组成部分之间逻辑关系清晰，在很大程度上减少歧义的产生。就汉语的连贯标记语而言，数量很少，易于研究及进行形式化处理。

尽管连贯性标记语有诸多优点，能够让语言研究与自然语言处理更加精准，但却无法只依靠标记语进行语篇连贯关系的研究，因为实际的语言运用中常常出现缺少连贯标记的情况。在没有任何明显标记的情况下，语篇中各个组成部分之间依然是相互关联的，即意合（李佐文，2003：33）。这样的语篇连贯关系通常要依靠内容来分析，需要加入各种相关的背景知识才能做出合理的、正确的理解。人们通常将具备连贯性标记的连贯关系叫作显性连贯关系，没有连贯性标记的叫作隐性连贯关系。计算机处理显性连贯相对容易，目前已有一定的成绩，在识别方面效果不错，但对于后者的处理则表现出极大的局限性。目前，国内外学者对隐性连贯关系的研究主要集中在共现词汇对或指代消解等方面，也有学者详细论述了根据不同类别的语言特征来识别隐性连贯关系的途径。这些研究都对汉语语篇的隐性连贯关系识别具有一定的启示意义，但研究仍有待深入。可以尝试语料库与相关知识库结合的方法，使计算机能够学习并识别上下义、同义反复、搭配同现、类义、情感类聚等语义连贯关系等都是当下的研究重点和发展趋势。我们将在第五章对显性连贯和隐性连贯进行详述。

2.3.2　整体连贯关系的识别

如前文所述，语篇内各个组成部分之间的连贯关系可能由连贯性标记语来标示，这说明这些连贯性标记语具有辅助语篇语义结构形成的作用。连贯性标记语能够体现语篇内相邻组成部分之间的连贯关系，即前文所述的局部连贯关系；也可以表示整体语篇的结构与框架，即整体连贯关系。目前，我国对整体连贯关系的研究仍处于起步阶段，很多方面的相关研究有待深入进行。

整体连贯关系主要是指语篇的整体与部分之间、部分与部分之间在意义上的关联。从结构上看，整体连贯关系主要对话题的开始与结束、语篇的整体结构、当前信息与前文已述信息或篇外已知背景信息的连接等方面产生作用（李佐文，2003：34）。接下来，我们从以下几方面举例说明连贯性标记语在识别语篇整体连贯关系中的作用。

2.3.2.1　话题的起始与终结标记

每个语篇都是围绕一个主题展开的，这个主题就是整体语篇的“总话题”。语篇中的各个段落都是为“总话题”服务的，但可能有各自的“子话题”。多个相对独立但相关的“子话题”共同构成共同作用于“总话题”的整体结构。这些“子话题”之间的连贯关系与小句或句子之间的局部连贯关系不同，属于整体意义上的连贯关系。语篇中话题的开始和结束往往会由某种语言形式来表示，这些语言就是整体连贯关系的标记，它们的存在能够使语篇结构清晰，使其中各个子话题相对独立。

用于标示话题开始的标记性词汇或短语有很多，常见的如首先、此外、另外、最初、接下来等。这些词的出现会引起读者产生新话题的心理预期，有助于建立前后的连贯性。如下例：

例 9

首先，我们关注人脑的认知路径……

例 10

此外，计算机能够在多大程度上模拟人脑处理语言的过程一致是学界关注的问题……

用于标示话题结束的标记性词汇或短语有很多，常见的如总之、最后、一言以蔽之、总而言之等。如下例：

例 11

总之，我会将这件事的处理结果上报，我们的处理合适与否交由上级领导评判。

例 12

最后，我们来谈一下工资待遇的问题。

例 13

一言以蔽之，作为本区最大的托管机构，我们一直把孩子们的饮食安全和学习习惯放在首要位置。

2.3.2.2　语篇的整体框架标记

语篇整体框架往往也有具体连贯性标记，这些标记能够使整个语篇结构清晰，让读者易于把握主题思想，促使语篇建立整体上的连贯性。帮助构建语篇整体连贯性的连贯性标记往往一组一组地出现，例如：首先……其次……再次……最后；第一……第二……第三……；一方面……另一方面……；等等。这些连贯性标记对于语篇整体连贯关系的识别有明显的辅助作用。如下例：

例 14

首先，要关注子女对父母的态度。很多孩子，无论年龄大小，总是把父母的爱看得理所当然，完全不注意自己对待父母的态度。例如说话态度，“好好说话”是家庭幸福感的关键因素，很多美好的感情伤在不会“好好说话”上……

例 15

其次，要关注父母对子女的态度。很多父母无法将孩子当作“正常人”去对待，这种情况主要发生在孩子未成年的情况下，父母无视孩子的想法，事事替孩子做主。父母应该注意在不同的年龄段给孩子相应的自主权，这样才能培养孩子的自理能力和自立性格。例如，三岁左右可以自主选择喜爱的衣服，五岁左右自己拥有自己的房间，七岁左右能够自己做些简餐……

例 16

再次，既是子女又是父母的中年人应该注意自己对父母和子女的关注顺序问题。有不少中年人处于“上有老下有小”的夹层中，有事发生时会以孩子小、需要照顾为由将父母的事情放在后面。但更好的做法是凡事遵循“父母先，子女后”的顺序。父母把自己培养成人，该报恩时应该先报恩给父母，而当下常出现“报错恩”的现象，很多人认错了对象，把恩报在了子女身上。殊不知，“百善孝为先”不仅仅是一句名言，照做不但能还恩于父母，更能为子女做好榜样。

例 17

……最后，人在不同的年龄阶段充当不同的角色，要注意在各个角色中的转换，不要以一成不变的态度去对待不同的人。例如，父母到了一定的年龄可以逐步向着听取子女建议的方向变化，将家庭决策权交于子女，自己轻松的享受生活。以免紧抓所谓的“决定权”而使自己和子女倍感焦虑。子女应随着年龄的增长逐渐向“自主决策”的方向发展，以免因为自己的优柔寡断而让父母担心。

例 18

……总而言之，一家人应该弄清自己的角色以及该角色应该如何对待家庭其他成员。幸福、和美的生活是一家人共同打造出来的。

2.3.2.3　内指性参照与外指性参照标记

除了上述表示话题开始、结束或者整体连贯关系的连贯性标记语之外，语篇中还有一些连贯性标记语将前后文联系起来，或者将文内信息与文外的背景信息等联系起来，这种联系可以将不同信息与当下信息结合起来构成参照关系，是一种增强语篇连贯性的手段。这种参照关系按照连接信息的不同分为两种，一是内指性参照，二是外指性参照。内指性参照是指连贯性标记语连接当前信息与前后文提及的相关信息。外指性参照是指连贯性标记语连接当前信息与文外的相关信息。计算机可以通过连贯性标记语来识别上述两种参照关系。

常用于表示内指性参照的连贯性标记语有：如前文所述、如上所述、前文已提及、如上所示等。如下例：

例 19

如前文所述，本研究已对话语连贯关系进行了综述……

例 20

如上所述，父母与子女对待彼此的态度是家庭幸福的关键……

常用于表示外指性参照的连贯性标记语有：据说、古语有云、根据……、如……所说、……曾说等。

例 21

家训有云，“有为有不为，知足知不足。锐气藏于胸，和气浮于面。才气见于事，义气施于人。”……

例 22

根据日前人民日报的报道，人们在物质生活达到一定水平后，开始越来越重视精神生活。

除上述几种情况之外，表示时间顺序和空间顺序的连贯性标记语通常也会一组一组出现，用于表示语篇的整体连贯关系。目前，类似连贯性标记语并不多且都是明显的标记，对语篇整体连贯关系识别有作用的语言手段，尤其是隐性手段仍有待深入研究，以利于计算机对语篇整体连贯关系的识别。

2.3.2.4 语篇语义结构的形式化表征

计算机自动识别语篇连贯关系的首要任务是形式化表示语篇内容及语篇整体结构。宋柔（2013）提出语篇结构包括指代结构、逻辑语义结构和话题结构等。指代结构主要是指各类词性之间的共指关系，如名词（短语）和代词等。逻辑语义结构主要是指语篇内不同组成部分之间（如小句间、句子间、段落间等）的语义关系，例如因果关系、条件关系、转折关系等。话题结构有宏观与微观两种，前者是指整体语篇各个部分的主旨大意之间的话题结构；后者是指邻近句子对同一个词语的意思展开说明而形成的结构。微观的句子结构可以由树形图的形式来表征。

很多理论对语篇结构有所研究，例如 Mann & Thompson 的修辞结构理论，该理论为语篇的形式化表征提供了方法，将语篇内容分为核心成分和辅助成分两部分，前者用于表述主要观点，即主题，后者为前者提供辅助信息，二者均可有一个或者多个句子或句群构成，各个部分之间具有连贯关系。该理论提供的方法能够用图式将语篇结构展示出来，能够表示语篇结构中的递归性和层级性，将语篇的整体结构框架清晰地展示于人前。修辞结构理论为计算机处理语言提供了能够使语言形式化的理论基础。英语表述方式更适合于形式化表征，因此，目前以英语为语料的相关研究较多，汉语语篇的相关研究仍需不断深入研究。

2.3.2.5　语篇连贯程度的评估机制

语篇形成后，其各个组成部分之间必定有连贯性，只是连贯紧密的程度不同。衡量语篇连贯性紧密度，就需要提供各种参数标准，只要将各类参数输入计算机，才有可能使其对语篇连贯性进行评估。

在国外，已有不少学者对此进行了研究，如美国孟菲斯大学的 McNamara、Graesser（Graesser et al.，2004；McNamara et al.，2014）等人设计的自然语言处理工具 Coh – Metrix，可以用来自动评估语篇连贯的紧密程度。该工具包括相关语料库和词库、词性分类器、句法分析工具、潜在语义分析器等，设定了以语言特征为主的二百多个参数标准。我国学者梁茂成（2006）利用该工具分析、衡量了中国的英语学习者的语篇连贯表达能力，找出中国的英语学习者在学习过程中对整体连贯关系和局部连贯关系的使用规律。

目前，语篇连贯性紧密度的测试多是以英语为语料进行的，由于汉语的真实使用中无须完全依赖语法机制，因此相关研究较为困难，针对英语已有的自动评估手段无法直接用于汉语语料的评估。因此，建立大规模汉语篇章语料库以及评估篇章连贯程度算法设计的工作是当下需要开展的。

2.4 小结

连贯性是自然语篇的基本属性，语篇连贯计算在自然语言处理中具有举足轻重的作用，对自动文摘、人机互动，以及作文评分系统的开发具有很高的应用价值。本章在分析语篇连贯关系计算重要性的基础上详细论证了语篇连贯计算的主要内容及其实现途径，希望能够对日后的深入研究打开思路、奠定基础。

参考文献

[1] Graesser, A. C., McNamara, D. S., Louwerse, M. M. & Z. Cai. Coh - Metrix: Analysis of text on cohesion and language [J].

Behavior Research Methods, Instruments, & Computers, 2004, 36 (2): 193 - 202.

[2] Halliday, M. A. K. & R. Hasan. Cohesion in English [M]. London: Longman, 1976.

[3] Hobbs, J. R. Coherence and co-reference [J]. Cognitive Science, 1979, 3(1): 67 - 90.

[4] Harabagiu, S. M. & S. J. Maiorano. Knowledge-Lean Coreference Resolution and Its Relation to Textual Cohesion and Coherence [A]. In Cristea, D, Ide, N & Marcu, D. (eds.). Proceedings of the Workshop on the Relation of Discourse/Dialogue Structure and Reference [C]. Morristown: ACL, 1999: 29 - 38.

[5] Harabagiu, S. M. & D. I. Moldovan. A Parallel Algorithm for Text Inference. [A] In Proceeding of the International Parallel Processing Symposium [C]. Honolulu: IPPS, 1996: 441 - 445.

[6] Hobbs, J. R. On the Coherence and Structure of Discourse [R]. Stanford, CA: Center for the Study of Language and Information (CSLI), 1985.

[7] Hovy, E. & E. Maier. Parsimonious or Profligate: How many and which discourse relations? [R]. University of Southern California, 1995.

[8] Karthik Narasimhan, Tejas Kulkarni, Regina Barzilay. Language Understanding for Text - based Games Using Deep Reinforcement Learning. arXiv: 1506. 08941v2[cs. CL], 2015(9).

[9] Kehler, A. Temporal relations: Reference or discourse

coherence? [A]. In Proceedings of ACL – 94 [C]. Las Cruces, New Mexico: ACL, 1994: 319 – 321.

[10] Kintsch, W. On Comprehending Stories [A] In Just, M. A. & Carpenter, P.. (eds.). Cognitive Processes in Comprehension [C]. Hillsdale, N. J.: Erlbaum, 1977.

[11] Knott, A. & R. Dale. Using linguistic phenomena to motivate a set of coherence relations[J]. Discourse Processes, 1994, 18(1): 35 – 62

[12] Lin, Z, Kan, M. & H. T. Ng. Recognizing implicit discourse relations in the Penn Discourse Treebank [A]. In Proceedings of Conference on Empirical Methods in Natural Language Processing [C]. Singapore: EMNLP, 2009: 343 – 351.

[13] Mann, W. C, Matthiessen, C. & S. Thompson. Rhetorical Structure Theory and Text Analysis[A]. In Mann, W. C. & Thompson, S. A.. (eds.). Discourse Description: Diverse Linguistic Analyses of a Fund – Raising Text[C]. Amsterdam and Philadelphia: John Benjamins, 1992: 30 – 78

[14] Mann, W. C. & S. A. Thompson. Relational Propositions in Discourse [R]. Marina del Rey, CA: Information Sciences Institute, 1983.

[15] Mann, W. C. & S. A. Thompson. Rhetorical Structure Theory: A theory of text organization [R]. Marina del Rey, CA: Information Sciences Institute, 1987.

[16] Mann, W. C. & S. A. Thompson. Rhetorical structure theory:

Toward a functional theory of text organization [J]. Text, 1988, 8 (3): 243 - 281.

[17] Marcu, D. The Rhetorical Parsing, Summarization and Generation of Natural Texts [D]. PhD dissertation, University of Toronto. 1997.

[18] Marcu, D. The Theory and Practice of Discourse Parsing and Summarization [M]. Cambridge, MA: MIT Press, 2000.

[19] McNamara, D. S., Graesser, A. C., McCarthy, P. M. & Z. Cai. Automated Evaluation of Text and Discourse with Coh - Metrix [M]. Cambridge: Cambridge University Press, 2014.

[20] Moore, J. D. & M. E. Pollack. A problem for RST: The need for multi - level discourse analysis [J]. Computational Linguistics, 1992, 18 (4): 537 - 544.

[21] Moser, M. & J. D. Moore. Toward a synthesis of two accounts of discourse structure [J]. Computational Linguistics, 1996, 22 (3): 409 - 419.

[22] Pitler, E., Louis, A. & A. Nenkova. Automatic sense prediction for implicit discourse relations in text [A]. In Proceedings of the 47th Annual Meeting of the ACL and the 4th IJCNLP of the AFNLP [C]. Suntec, Singapore: ACL and AFNLP, 2009: 683 - 691.

[23] Smith, B. C. Computation [A]. In Wilson, R. & F. Keil (eds.). The MIT Encyclopedia of the Cognitive Sciences [C]. Cambridge, MA: MIT Press, 1999.

[24] Taboada, M. & W. C. Mann. Rhetorical Structure Theory: Looking back and moving ahead [J]. Discourse Studies, 2006, 8 (3): 423-459.

[25] Webber, B. L., Knott, A., Stone, M. & A. K. Joshi. Discourse relations: A structural and presuppositional account using lexicalised TAG [A]. In Proceedings of ACL-99 [C], College Park, MD: ACL. 1999: 41-48.

[26] Wolf, F. & E. Gibson. Representing discourse coherence: A corpus-based study [J]. Computational Linguistics, 2005, 31 (2): 249-287.

[27] Wolf, F. & E. Gibson. Coherence in Natural Language: Data structures and applications [M]. Cambridge, MA: MIT Press, 2006.

[28] 陈忠华. 知识与语篇理解：话语分析认知科学方法论 [M]. 北京：外语教学与研究出版社，2003.

[29] 冯志伟. 自然语言处理的形式模型 [M]. 合肥：中国科学技术大学出版社，2010.

[30] 李佐文. 话语联系语对连贯关系的标示 [J]. 山东外语教学，2003，(1)：32-36.

[31] 梁茂成. 学习者书面语语篇连贯性的研究 [J]. 现代外语，2006，(3).

[32] 鲁松，宋柔. 汉英机器翻译中描述型复句的关系识别与处理 [J]. 软件学报，2001，(1)：83-93.

[33] 宋柔. 汉语篇章广义话题结构的流水模型 [J]. 中国语

文，2013，（6）.

[34] 邢福义. 汉语复句研究 [M]. 北京：商务印书馆，2001.

[35] 姚双云. 复句关系标记的搭配研究 [M] 武汉：华中师范大学出版社，2008.

[36] 姚双云. 面向中文信息处理的汉语语法研究 [M]. 武汉:华中师范大学出版社，2012.

[37] 姚双云等. 篇章连贯语义关系的自动标注方法 [J]. 计算机工程，2012，（7）.

[38] 俞士汶. 计算语言学概论 [M]. 北京：商务印书馆，2003.

[39] 乐明. 汉语财经评论的修辞结构标注及篇章研究 [D]. 中国传媒大学博士学位论文，2006.

[40] 张德禄，刘汝山. 语篇连贯与衔接理论的发展及应用 [M]. 上海：上海外语教育出版社，2003.

[41] 宗成庆. 统计自然语言处理（第2版）[M]. 北京：清华大学出版社，2013.

[42] 邹嘉彦等. 中文篇章中的关联词语及其引导的句子关系的自动标注——面向话语分析的中文篇章语料库的开发 [A]. 中文信息处理国际会议论文集 [C]. 北京：清华大学出版社，1998.

第三章

话语标记语和自然语言理解

3.1 连贯：语篇的本质特征

语篇是交际者为表达思想或传递信息而说出或写出的连贯性话语。连贯的语篇绝不是句子的任意堆砌，它们之间相互关联，各有作用，共同为实现发话者的交际意图服务。其中的任何一个句子都对相邻的句子产生这样或那样的制约，对句子之间的关系产生制约。这些关系是语篇的纽带，是发话者意图的基本单位。连贯理论的目的就是要探讨将句子粘连成篇章的规则，找出这些特定的语义关系。只要语篇中存在其中的若干语义关系，该语篇是连贯的，这是本书的基本出发点。

连贯关系具有多种用途，可以帮助辨识篇章指称关系中的所指，可以让计算机根据一定的算法理解语篇的意义，或自动语篇生成等，从而实现自然语言处理。在我们进行连贯关系研究之前，有必要先规定一下分析自然语言的单位。我们通常将句子或大于句子的语篇单位称为语段，指语篇中表达一个相对独立的命题或话语意图的单位。语段可大可小，有时指单个句子，有时指一个段落甚至篇章的一个部分。语段具有层级性，例 1 可以由图 3－1 表示。

例 1

①Bill can't be feeling well.（比尔肯定感觉不适。）

②He hasn't touched his food.（他没吃什么东西。）

③He didn't even try some soup.（他甚至连汤都没喝。）

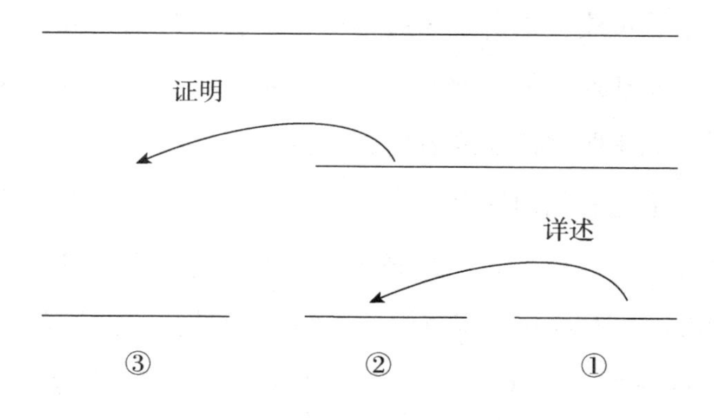

图 3－1　例 1 的连贯关系图

在这个语段里，①是发话者要表达的主要意图，②③为①提供证据，证明话出有因。而③句又是对②句的详细说明，②③句之间是详述关系。

3.2 相关理论基础

3.2.1 Halliday & Hassan 的连接关系理论

Halliday & Hassan（1976）在其专著《英语中的衔接》中，系统描述了各种衔接手段，即将句子连接成语篇的种种手段。他们认为衔接关系从本质上来讲是语义的。衔接关系包括指称，替代，省略，词汇重复和连接词。前四种可认为是语法手段，对其中一个语段的解释需要参照它前面或者后面的部分。连接词与前四种手段不一致，它并不关心如何解释语篇的某个部分，而是解释被连接在一起的两个语段的连接方式。这些连接方式与连贯关系相互对应。

Halliday & Hassan 对英语中的衔接手段进行了系统的研究，在此基础上对连接词进行了分类。他们将连接词分为添加（additives），逆转（adversatives），原因（causal）和时间关系（temporal）。比如，下面的语篇中就包含标示时间关系的连接词。

例 2

First he switched on the light.（首先他打开电灯。）Next，he inserted the key into he lock.（然后插钥匙开门。）

许多语言学家对他们的理论提出了批评，认为依赖语篇的表层特征来解释连贯关系理由不充分，因为有些语篇没有明显的标记也是连贯的。的确，Halliday & Hassan 只注意了语篇的表层特征，对暗含的连贯关系以及连接手段和连贯关系的对应关系没有进行讨论。他们自己也承认对语篇连贯关系的描述应该包括那些没有标记手段的连贯关系。

3.2.2 修辞结构理论

20 世纪 80 年代，计算语言学家开始对语篇的连贯理论产生兴趣，将其作为自然语言处理中意义建构的手段，出现了一系列的连贯关系计算理论。修辞结构理论（Rhetorical Structure Theory，RST）就是其中具有代表性的一个。

Mann & Thompson 的修辞结构理论（Mann & Thompson 1988）对语篇的连贯关系（即修辞关系）进行了描述和解释，提出了一组常用的连贯关系。该理论认为，语篇的连贯主要靠这些连贯关系来维系，它们是连贯语篇的基本特征。任何一个语篇单位，就其功能和发话者要取得的效果而言，都有它存在的依据和理由，都为发话者传达信息和交际意图服务。RST 具有以下几个特点：

首先，RST 中的连贯关系需要参照语篇单位的命题内容和发话者表述该命题的意图。比如，序列关系规定，相关的语段之间必须存在连续的顺延关系。

第二，Mann & Thompson 认为，连贯关系和标示这些连贯关系的语言手段之间没有必然的联系，有些类型的连贯关系没有相应的连接标记。

第三，Mann & Thompson 在连贯关系中区分核心成分（nucleus）和辅围成分（satellite）。相邻的两个语段，其中一个对于表达发话者的意图更为重要和突出，称为核心成分，与此相对，不太重要的另一个语段称为辅围成分。这样的区分完全是根据话语单位的功能来决定的。发话者在话语建构的过程中，总是有首要的目标和次要的目标，并按照“核心—辅围”这样的关系来组织语篇，这是符合人类认知规律的。当然，也有多核的连贯关系，例如对比关系。

Mann & Thompson 在不同的介绍 RST 的文章中所列举的连贯关系数量和内容各不相同，主体部分基本相同，如下表：

表 3-1　RST 主要连贯关系

<table>
<tr><td>详述关系（elaboration）</td><td rowspan="12">属性关系</td></tr>
<tr><td>条件关系（condition）</td></tr>
<tr><td>因果关系（cause）</td></tr>
<tr><td>解释关系（interpretation）</td></tr>
<tr><td>评价关系（evaluation）</td></tr>
<tr><td>重述关系（restatement）</td></tr>
<tr><td>事件-环境关系（circumstances）</td></tr>
<tr><td>问题-解决关系（solutionhood）</td></tr>
<tr><td>反条件关系（otherwise）</td></tr>
<tr><td>概述关系（summary）</td></tr>
<tr><td>序列关系（sequence）</td></tr>
<tr><td>对比关系（contrast）</td></tr>
</table>

续表 3－1

促动关系（motivation）	表现关系
反态关系（antithesis）	
背景关系（background）	
辅动关系（enablement）	
证据关系（evidence）	
促言关系（justify）	
让步关系（concession）	

所有这些连贯关系首先分为属性关系（subject－matter）和表现关系（presentational）。前者的目的就是让受话者辨识所谈论的关系，如顺序关系，对比关系等；后者的目的就是让受话者增强实施某种行为的倾向性，如促动关系属于表现关系（目的是促进受话者去实施核心成分所提出的行为）。事实上，语篇中的连贯关系是开放性的，随应用目的的不同而不同。

像其他计算连贯理论一样，修辞结构理论对语篇的语义结构具有很强的解释力。它所提出的连贯关系并不直接反映语篇的表层结构，而是与语篇的图式结构相吻合。这些图式结构具有递归的特性，又可以重新组合成更大一级的树形结构，从而得出整个语篇的总体结构。

RST 提出的图式结构如图 3－2：

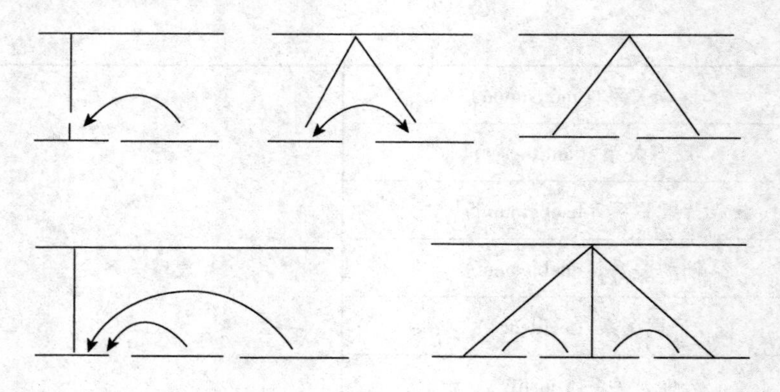

图 3-2

RST 理论为分析语篇的连贯性提供了一种模式。它能够准确明晰的解释某个句子为发话者所采用的功能与动因，能够不依赖语篇的词汇和语法形式而描述语篇的连贯关系，为分析语篇的表层语言形式如话语标记语，以及表层语言形式和话语结构的相互关系奠定了基础。

综合 Halliday & Hassan 的连接关系理论和 RST 理论，我们提出以下 8 种常见的连贯关系类型及其话语标记成分。

表 3-2

关系类型	核心成分	辅围成分	标记成分
对比关系	一种情况	另外一种情况（相反或相对）	While, whereas, but, yet, however, on the other hand
顺序关系	一个事件或步骤	下一个事件或步骤	Firstly, secondly, next, finally; to start with; for one thing, for another; meanwhile; as

续表 3－2

关系类型	核心成分	辅围成分	标记成分
因果关系	一个行为或情况它的发生或出现源于另外一个行为或情况	导致行为或情况出现行为或情况	Because, in that, for, on the ground that, for that reason, as, therefore, hence, thus, consequently, as a result
重述关系	一个叙述或说明	用另外的话语再次说明	That is to say, that is, in other words, or rather
附述关系	基本信息	附加说明信息	In addition, moreover, in fact, actually, as a matter of fact, specifically
条件关系	A 行为或情况	缺少或没有这个行为或情况 A 就不能出现	As long as, if, only if, on condition that
让步关系	发话者证实的一种情况	明显与前面的情况不一致，但也是发话者证实的情况	Even if, even though
总述关系	一段话语	简明总结或概述	In short, in brief, to sum up

3.3 自然语言理解的浅层基础

任何一个连贯语篇内的句子都不是孤立的存在，而是相互关联和制约的。就语篇内部的连贯关系和它们所提供的信息而言，还没有较好的计算机程序能够辨别它们。

例 3

[Bill had no parents.] [But he had seven brothers and sisters.]

此例中，but 标示了前后句之间的一种对比关系，它出现在句子的开头，标记一个基本话语单位的左边界，右边是句号。像这样的话语我们可以用浅层分析技术和关于话语标记语的知识，很有可能断定语篇内句子之间的连贯关系。但这只是可能，因为话语标记语的情况比较复杂，应用比较灵活，仅仅依靠这些标记成分和浅层处理还不能准确地确定语篇中的所有单位。

例 4

[John and Marry went to the theatre,] [and saw a nice play.]

and 有时连接句内成分，有时连结跨句成分，即标记话语单位之间的语义关系。在例 4 中，第一个 and 就是连接句内成分，而第二个 and 表示的是两个话语单位之间的序列关系。如果利用话语标记语来确定话语单位间的界限，首先要找出第二个 and 前面的界限（即标示话语单位之间关系的 and 前面的界限），而不是第一个 and。显然，依靠浅层处理的方法尚不能解决这个问题。不能直接用标记成分来确定连贯关系，主要由于以下原因：

首先，话语联系语有时连接句内成分，有时连接句间关系，到目前我们还不能确定什么时候它们连接句内成分，什么时候连接句间关系，因此尚不能用它们来确定话语单位之间的连贯关系。

其次，话语联系语尚不能明晰地标示语段或者话语单位的大小。

再次，一个联系语所表示的连贯关系不止一种，即联系语和连贯关系之间没有一对一的对应关系。

然而，语言学和心理语言学的研究表明，人们利用话语联系语作为相邻话语单位间的连接结（Halliday & Hasan，1976），也可以用来表示两个较大话语单位间的语义关系，如在叙述话语中，so、but 和 and 可以标示话语部分间的关系。在自然会话中，so 可标记一个主要话语部分的结束，或话轮间的过渡，而 and 可以标记意义单位和发话者连续发话（Schiffrin，1987）。

在叙述话语中，联系语可以标记话语成分间的结构关系并且对故事的理解非常重要（Segal & Duchan，1997）。

在言语交际过程中，发话人和听话人都可以用标记语来标示重要的变更，如标示停顿，话题连续的地方。从以前的研究可以看出，话语标记语很有可能用来确定话语单位之间的连贯关系。

话语标记语经常被用来标示两个话语单位之间的连贯关系，这说明这样的话语成分具有确定语篇语义结构的潜在功能。

假定我们要求计算机利用浅层形式算法（surface – form algorithm）和有关联系语的知识来确定下面话语中由 in contrast 标示的连贯关系。

例 5

[John likes sweets. ①] [Most of all, John likes ice – cream and chocolate. ②] [In contrast, Marry likes fruit, ③] [especially banana and strawberries. ④]

“in contrast”在这段话语中表示一种对比关系，但是计算机并不知道“in contrast”维系的是哪两个语段，①②和③呢，还是②

和③④，因此只能先找出整个语段中的连贯关系。

Marcu（1997，2000）认为，语段间的连贯关系可以用其中重要单位间的近似关系来解释。如上例中，①②和③④间的对照关系可以用①和③的对照关系来解释。

两个较大语段间的连贯关系可以用其中的较小单位间的语义关系来解释，这一事实说明，整个语篇的语义结构可以采用自下而上（bottom－up）的方法来建构。根据“in contrast”的出现，前后句之间的语义关系可能会出现以下几种情况：

A. rhet_ rel（contrast，1，3）

B. rhet_ rel（contrast，1，4）

C. rhet_ rel（contrast，2，3）

D. rhet_ rel（contrast，2，4）

这些假设包括了所有由“in contrast”标示的可能的连贯关系。①②和③④两个语段间的语义关系可以用①③句之间的简单语义关系来解释，即 A. rhet_ rel（contrast，1，3）。现在的问题是：为什么不用 D. rhet_ rel（contrast，2，4）来解释呢？

衔接关系也可以用来确定较短语段间的连贯关系。例如，一个句子谈论的是蔬菜，与之相邻的另一个句子谈论的是胡萝卜和芹菜，两个句子之间的关系很可能是详述（Elaboration），因为胡萝卜和芹菜是蔬菜的两种。同样，计算机也能假设例 3 中的①和②之间的关系是详述关系，因为两句话谈论的都是 John，而且有标记成分 most of all。especially 引导的④句和它前边的句子之间也是详述关系。

上面分析可以看出，②句和④句属于辅围成份（satellites），它们之间的关系不可能决定①②和③④两个语段间的语义关系，决定两个语段之间语义关系的只能是①句和③句，因为它们才处于核心（nucleus）地位。通过这种方法我们可以得到语篇的局部连贯关系。

还有一种情况。比如一段话语有三个语段，由 first、second、third 等词语标记，这样的话语三段很可能是列举（list）或序列关系（sequence）。计算机利用这些标记成分就可以得出整体的篇章语义结构，而不用去判定主要成分之间的语义关系。Morrist & Hirst（1991）认为，具有衔接特征的语篇和具有层级关系，具有发话意图的语篇之间有相互关系。如一个话语的前三段讲述有关月球的情况，后面两段讲述有关地球的情况，这两部分之间的语义关系很可能是接合（joint）或者是列举（list）。通过这种方法我们可以得到语篇的整体连贯关系。

3.4　小结

连贯的语篇不是句子的任意堆砌，它具有一定的语义结构。从上面的论述可以看出，利用语篇标记成分和衔接手段，是有可能判定语篇的意义结构，进而实现自然语言理解的，但仍然需要做大量的进一步的工作。

参考文献

[1] Halliday&Hasan. Cohesion in English. London: Longman, 1976.

[2] Marcu, D. Building up Rhetorical Structure Trees. [A]. In Proceedings of 13th National Conference on Artificial Intelligence, Vol. 2 [C]. Portland: OR, 1996: 1069 – 1074.

[3] Marcu, D. From Local to Global Coherence: A Bottom – up Approach to Text Planning [A]. In Proceedings of the 14th AAAI [C], 1997.

[4] Marcu, D. The Theory and Practice of Discourse Parsing and Summarization [M]. Cambridge, MA: MIT Press, 2000.

[5] McNamara. D. S. Graesser. A. C. McCarthy, P. M. & Z. Cai. Automated Evaluation of Text and Discourse with Coh – Metrix [M]. Cambridge: Cambridge University Press, 2014.

[6] Morris, J. & G. Hisrt. Lexical Coherion Computed by Thesaural Relations as an Indicator of the Structure of Text [J]. Computational Linguistics, 1991, 17 (1): 21 – 48.

[7] Schiffrin. D. Discourse Markers [M]. Cambridge: Cambridge University Press, 1987.

[8] Segal, E. M. & J. F. Duchan. Interclausal Connectives as Indicators of Structuring in Narrative [A]. In Costermans, J. & Fayol. M.. (eds.). Processing Interlausal Relationships. [C]. Hillsdale, N. J. :

Eribaum,1997.

[9] Taboada, M. &. W. C. Mann, Rhetorical Structure Theory: Looking back and moving ahead [J]. Discourse Studies, 2006, 8(3): 423 –459.

[10]梁茂成. 学习者书面语语篇连贯性的研究[J]. 现代外语,2006(3)

[11]俞士汶. 计算语言学概论[M],北京:商务印书馆,2003.

第四章

显性连贯与隐性连贯

话语语言学关注人们使用中的话语，于20世纪50年代开始兴起。朱永生（2003）在《话语分析五十年：回顾与展望》中对话语语言学的历史足迹做了全面的概括，将其划分为萌芽、起步、兴盛三个阶段。萌芽阶段自Harris发表“Discourse Analysis”始，大约二十年的时间内，研究者们结合语境研究买卖对话特点（T. F. Mitechell）、从成分分布角度研究话语结构（Z. Harris）、对言语交际形式进行探索（D. Hymes），还有一批捷克斯洛伐克学者从功能角度研究话语。在没有现成理论和方法为指导的情况下，这些研究者促生了话语语言学这门新的学科。起步阶段自20世纪70年代开始，大约经历十年的时间。理论语言学和社会语言学、计算机语言学，以及语言哲学对会话蕴含的发展，促使研究者们在传统的语法分析中，引入了语境（context）、语域（register）、照应（reference）、衔接、连贯、宏观结构、微观结构等研究问题，使语言研究跨越了句子的界限。这个阶段有大量的论文与专著研究成果，如

van Dijk 的 *Text and Context*（《篇章和语境》），M. A. K. Halliday 和 R. Hasan 的 *Cohesion in English*（《英语的外在接应》）等。兴盛阶段自 20 世纪 80 年代起，话语语言学队伍在世界范围内空前壮大，还出现了自己的学术刊物 TEXT（由 van Dijk 担任主编），以及大量的学术论文与著作。其中我国学者的重要成果有王佐良和丁往道的《英语文体学引论》、黄国文的《语篇分析概要》、胡壮麟的《语篇衔接与连贯》等。

话语语言学的研究对象是人们实际交际活动中连贯的话语（钱敏汝，2001），其下有很多小课题。2006 年中国话语语言学研究会成立大会上总结了目前我国主要的研究课题，其中包括话语的衔接与连贯、信息结构宏观结构、语篇类型、会话分析、话语标记语、话语语言学的应用研究等领域（李佐文，张天伟，2006）。此外，从整体上来看，对话语进行研究大体可分为两类：一是剖析话语的结构；二是解释话语的连贯性（何兆熊，1983）。话语语言学是一门研究连贯性话语结构及其内部构成规律的语言科学。以话语的连贯性为核心，认识话语的内部规律，提高理解与运用话语的能力（王福祥，1994）。

促成话语语言学的发展的动因，有很大一部分得归功于计算机自然语言处理的研究。该领域的研究者发现，自然语言处理中遇到的很多问题，无法在句内得到解决，必须借助跨句的话语语言学（徐赳赳，1995）。话语语言学的应用领域之一便是人工智能（黄国文，徐珺，2006），分析人使用话语背后的生成和理解的原理，将其变为计算机可识别的程序，来帮助计算机学习理解自然话语，这是现代话语语言学的发展方向之一。本书立足于前人丰厚的研究成果，试探讨现代汉语话语生成与理解机制的可计算性，以连贯关系（含显性连贯关系和隐形连贯关系）问题为核心，探讨与 NLP 接轨的话语语言学的研究课题。由于研究得不够深入与全面，本书只能围绕连贯关系，探讨以自然语言处理为导向的话语语言学研究框架。实际上，面向自然语言处理的话语语言学可以涵盖很多方面，连贯问题是其核心之一，此外还有篇章结构与管界问题、篇章情态系统等富有意义的课题。

4.1 连贯关系

话语语言学以连贯的话语为研究对象，连贯性自然是话语的天然属性。连贯是一种很微妙的体现，有时它能通过很明显的字词来表现（如例 1）；有时却找不出字词的关系，但意思却已明了于心（如例 2）；有时旁人早已心领神会，自己却还蒙在鼓里不得其意（如例 3）。

例 1

Jack gave Helen a diamond ring yesterday. They will get married next month.

这里的两个句子是连贯的，很大程度上是因为字词的关系。首先，Jack 和 Helen 与下句的 They 形成照应关系，They 回指前面提到的二位。另外，在我们的生活中，a diamond ring（钻戒）似乎就是 get married（结婚）的前奏，因此在第一句提到钻戒时，触发了我们思维做出设想，因而下句果真讲到结婚的事情就不觉得奇怪，反而合情合理了。

例 2：

室友："我出去一会儿。"

我："那我不锁门啦?"

室友："没事，我拿着呢。"

这一组对话对于"我"和"室友"来说也是连贯并充分交流了信息的，尽管没有明显的字词联系。我们试着补充一些信息，"我"在听到"室友"要"出去一会儿"时，想到自己一会儿也要出去，只是"我"不清楚"室友"的一会儿是多长时间，也不清楚"室友"带没带钥匙，如果"我"出去锁门了，"室友"回来可能进不了门。所以"我"的这个问话其实暗含对室友有没有带钥匙的关心，于是"室友"回答说"拿着（钥匙）呢"便解除了"我"的担忧。因此这段对话是达到了交际意图的连贯话语，但其连贯性是深层的，没有体现在字词层面。

例 3

一位北京居民说："国庆几天假，我几乎就没出过门，在家歇着。"

这句话对于在北京生活过的人来说很容易理解背后的意思，因为和说话人有共有的知识（shared knowledge），那就是国庆假期来北京旅游的人非常多，交通拥堵，出行不便，所以说话者才宁可选择在家休息度假。可能一个生活在外地，不了解北京节假日情形的人就不容易听懂这句话真正的意思，还以为说话者很宅，休假也不爱出门玩。

连贯实质上是语篇的语义关联，存在于语篇的底层，是语篇的无形网络。语篇的连贯性，可以依靠衔接关系来体现，也可能受到句子排列、说话的前提和交际双方共有知识的影响。语篇的语义连贯，一方面是语篇内部语言上的连贯，另一方面是与外界在语义和语用层面的连贯（黄国文，1988）。对于语篇的连贯关系是如何构建起来的，一些研究者（van Dijk，1977；Brown and Yule，1983）认为是话题组织了话语单位之间的连贯关系，另一些研究者（Mann and Thompson，1983；Schiffrin，1987）认为是话语各个部分间隐含的各种逻辑语义关系，如因果、对比、详述等将话语单位组织在一起。我们认为两种观点殊途同归，本质都是寻找话语的语义关系，只是切入角度的差异。本章从连贯关系的可计算性出发，以实用性为上，倾向于后者的观点。我们探讨的连贯关系是基于小句之上的，小句是具有独立命题意义的最小话语单位，不涉及句中的研究。在探讨过程中，我们将连贯关系分为两类：显性连贯关系和隐性连贯关系。我们认为，这二者最大的区别在于，认识主体能否就语言层面建立起句间的连贯关系。

4.2 显性连贯关系

4.2.1 显性连贯关系分类

显性连贯关系，是指用语言手段标示出来的连贯关系，连贯性可凭语言（词汇）层面的信息进行解释。由于是在语言层面的体现，因而我们设想对计算机自然语言处理中的浅层处理会有帮助。对连贯关系的分类，至今没有标准的结果，本书参考了 Halliday & Hasan（1976），廖秋忠（1986），Hyland（2008），胡壮麟（1994），Hoey（2005）等人对衔接与连贯、篇章连接成分、元话语、词汇搭配等方面的研究成果，做出以下分类。表 4－1 我们将显性连贯关系分为词汇关系和逻辑关系两大类：

表 4-1 显性连贯关系汇总表

显性连贯关系					
分类				定义	举例
词汇关系	语篇照应	同形表达式		重复上文某一表达式表所指（常见于名称、专有名词、泛指一类人或物的名词等）	王医生……王医生……；“三严三实”……“三严三实”
		局部同形表达式		用上文某一表达式的局部表所指	……一些内容不健康的报刊在不少地方泛滥起来。这类报刊……。这类报刊……
		异形表达式	指代词	用指代词表所指的人、物、事，如人称代词、指示代词等	方小姐……她……；故宫……这里；前者，后者……；对方
			同义词	同义词、近义词表相同所指	露营地……宿营地；拉杆箱……旅行箱
			上位词	用上位概念词表所指	黄芪、党参……这类药材；第三者……这种人
			省略式	省略照应词	国家博物馆……（国家博物馆）一层……（）二层 A 区……（）三层……
	词汇搭配	语义搭配		人们习惯的语义上相关联的表达	按摩……经络……养生……；身体……脏器……手脚……头部
		语用搭配		人们习惯的使用方式上相关联的表达	“两三个”通常与“大概”“大约”“可能”搭配；（打招呼）去哪儿啊？吃饭了吗？
		语法搭配		人们习惯的语法上相关联的表达	“还”有时用于现在时态，有时用于过去时态，下文会有“过”“了”之类的字

续表 4－1

显性连贯关系					
分类				定义	举例
逻辑关系	顺接	表时间	序列	表达一个事件的不同阶段或多个事件的时间顺序的连接成分	起初，先，开始时，最早；后来，随后，然后；最后，结果
			先后	表达事件发生的先后顺序，发生的时间是先后关系或共时关系	先前，原来，本来，过去，这/那之前，事先；接着，然而，后来，这/那之后，以后，此后，事后；顿时，霎时，立即，马上，顷刻之间，不一会；与此同时，这时
		表增补	罗列	连接不同成分，以组成更高或完整的观点	首先，其次，……最后；一、二、……；第一，第二，……
			并列	连接两件重要性相当的事件	同时；（另）一方面；也；还；相应地
			递进	连接程度越来越高的成分	并且；而且；何况；又；加上；再说；进一步；甚至；更有甚者；连……也
			附加	补充说明，说明的内容重量轻于附加语前的内容	顺便提一句；此外；另外；还有；补充一句
		表阐明	举例	连接概括的话与具体例子	例如；比如；诸如；比方（说）；以……为例；像……
			换言	提示换一种表达来说同一件事	换言之；就是说；即；或者说；具体来说；换句话说；什么意思呢？就是……

续表 4－1

<table>
<tr><th colspan="6">显性连贯关系</th></tr>
<tr><th colspan="4">分类</th><th>定义</th><th>举例</th></tr>
<tr><td rowspan="13">逻辑关系</td><td rowspan="13">顺接</td><td>表分总</td><td colspan="2">将前面的话总结概括</td><td>总归；总而言之；总之；概括来说；一句话</td></tr>
<tr><td rowspan="2">表因果</td><td>由因到果</td><td>原因在前，表达结果</td><td>所以；于是；因此；因而；结果</td></tr>
<tr><td>由果到因</td><td>结果在先，表达原因</td><td>（是）因为；原来</td></tr>
<tr><td rowspan="3">表结局</td><td>中性结局</td><td>连接事情发展的过程与结局</td><td>结果；终于；最终</td></tr>
<tr><td>预期结局</td><td>连接预期的结果与实际结果，两者一样</td><td>果然；不出我所料；果真；结果真是</td></tr>
<tr><td>可理解结局</td><td>连接过程与不足为奇、可以理解接受的结构</td><td>难怪；怪不得；无怪乎</td></tr>
<tr><td rowspan="3">表条件</td><td>中性条件</td><td>连接上文的条件和下文应有的结果</td><td>那（么）</td></tr>
<tr><td>相反条件</td><td>连接上文条件相反时，会有什么结果</td><td>否则（的话）；（要）不然；要不是（这样的话）</td></tr>
<tr><td>无论条件</td><td>连接上文条件不管成立与否，或不知实际情况，都能肯定结果</td><td>无论/不管/不论如何；无论/不管/不论怎么样；反正</td></tr>
<tr><td>表目的</td><td colspan="2">连接要达到的目的</td><td>（目的）为此；冲着这（个）；</td></tr>
<tr><td>表推论</td><td colspan="2">连接由上文信息，有理由推导出的下文的结论</td><td>显而易见；显然；（由此）可见；看来；不用说；毫无问题；毋庸置疑</td></tr>
</table>

续表 4－1

<table>
<tr><th colspan="6">显性连贯关系</th></tr>
<tr><th colspan="4">分类</th><th>定义</th><th>举例</th></tr>
<tr><td rowspan="12">逻辑关系</td><td rowspan="3">顺接</td><td rowspan="3">表比较</td><td>类同比较</td><td>连接性质、情况类似的事件</td><td>同样（地）</td></tr>
<tr><td>胜过比较</td><td>连接上文程度较低与下文程度更高的成分</td><td>更……（的是）；再……（一些）；比较</td></tr>
<tr><td>尤最比较</td><td>引出一种情况下程度最高或最为突出的人、事、物</td><td>最……（的是）；特别（是）；尤其（是）；尤为……（的是）</td></tr>
<tr><td rowspan="6">逆接</td><td>表转折</td><td colspan="2">连接条件与结果不协调，或情况不一致</td><td>可（是）；但（是）；然而；却；不过；只是</td></tr>
<tr><td>表意外</td><td colspan="2">连接据上文信息，下文超出常理、令人想不到的情况；或是事发突然，令人措不及防</td><td>岂料；谁知（道）；哪知；突然（间）；猛然间</td></tr>
<tr><td>表实情</td><td colspan="2">连接后面的实际情况（与前文有差异）</td><td>其实；说到底；事实上；实际上；老实说</td></tr>
<tr><td>表让步</td><td colspan="2">承认事情还有另一面的可能</td><td>当然；退一步说；诚然</td></tr>
<tr><td>表对立</td><td colspan="2">连接两种矛盾或情况相反的事情</td><td>（与此/和这）相反；反过来说；反之；反倒</td></tr>
<tr><td>表对比</td><td colspan="2">连接比较两种成分的差异，甚至对立情况</td><td>相比之下；另一方面；对比之下</td></tr>
<tr><td rowspan="2">转接</td><td>表转题</td><td colspan="2">连接新的话题</td><td>关于；至于</td></tr>
<tr><td>表题外</td><td colspan="2">连接附带说的不影响正题的话</td><td>顺便提/说一句；附带一提</td></tr>
<tr><td>选择</td><td colspan="3">提供多个选项作为参考，或是从选项中选择一个</td><td>或是……或是……；与其……不如……</td></tr>
</table>

4.2.2 显性连贯关系的标注

下面我们采用上面的分类，对下面一篇语料的显性连贯关系进行标注。

例4

（1）男人不是女人，（2）女人不是男人，（3）这是个非常简单基本却有时非常重要的道理。（4）而且没有人会承认说自己不懂这个道理。（5）但事实上，许多的人的确是不懂这个道理的。

（6）男人属阳，（7）女人属阴，（8）这恐怕是众所周知的一个普遍真理。（9）因此，女人一般是不能干男人所干的某些事情的。（10）如果硬是要干，（11）当然也未尝不可，（12）然而绝对不美。（13）比如搞哲学、说相声、摔跤、当官，等等。

（14）搞哲学，很高尚，（15）女人能做哲学家自然十分了不起。（16）可是，一般说来女人长于形象思维而弱于逻辑思维，（17）若是费老大的劲与自己天生的弱点斗争，躲进书楼成一统，日读书夜读书，一读十几年几十年，戴副越来越深度的近视眼镜，不苟言笑，皱纹深刻。（18）对于女人来说，这是不是忒滑稽了一点？

…………

（19）当然，男人绝对不能干的事也不少，（20）并且常被男人们自己忽略。(21) 比如说男人不能养指甲，(22) 即便是为了掏耳屎养小指甲也难看。(23) 堂堂大男人却十指尖尖，成何体统？

…………

(24) 男人千万别织毛衣；(25) 千万别男扮女装，(26) 擦胭脂抹口红，(27) 捏着嗓子唱歌；(28) 男人还忌讳有鲜润红亮的唇，(29) 鲜润红亮在一圈黑胡茬子中同样令人惨不忍睹。(30) 不过话又说回来，人家若天生一副红唇怎么办？(30) 有一个办法便是抽烟，(31) 一抽颜色就能沉着起来。(32) 当然，这是一句玩笑话了。

(节选自池莉《男女有别》)

首先，我们就词汇层面分析一下这段语料。从篇章整体角度来看，下划线标记的“男人”和“女人”这两个表达式贯穿全文，而且前面两段交替出现，而后面的段落则是分而述之。由此，我们从“男人”“女人”的词汇照应可以知道，这篇语料主要是讨论男女各自特点的。另外，“女人”这个形象经常能让我们联想到的，如 (21) 养指甲、(24) 至 (28) 的织毛衣、擦胭脂抹口红、捏着嗓子唱歌、鲜润红亮的唇等语义词汇搭配，却出现在以“男人”为中心的语段里。由此，可以看出作者的意图是假设男人扮女人会有多么不适当。词汇层面还有其他一些更具体的照应词，比如句 (3)“这”与句 (4) (5)“这个道理”，皆是对句 (1) (2) 命题的指代异形表达。同样的还有句 (18)“这”，指代上文 (17) 的内容；以及句 (32)“这”，指代 (30) (31) 的内容。

下面我们从逻辑关系层面进行分析：

(1) 男人不是女人，(2) 女人不是男人，(3) 这是个非常简单基本却有时非常重要的道理。(4)（顺接－递进）而且没有人会承认说自己不懂这个道理。(5)（逆接－转折）但事实上，许多的人的确是不懂这个道理的。

(6) 男人属阳，(7) 女人属阴，(8) 这恐怕是众所周知的一个普遍真理。(9)（顺接－因果）因此，女人一般是不能干男人所干的某些事情的。(10) 如果硬是要干，(11)（逆接－让步）当然也未尝不可，(12)（逆接－转折）然而绝对不美。(13)（顺接－举例）比如搞哲学、说相声、摔跤、当官，等等。

(14) 搞哲学，很高尚，(15) 女人能做哲学家自然十分了不起。(16)（逆接－转折）可是，一般说来女人长于形象思维而弱于逻辑思维，(17) 若是费老大的劲与自己天生的弱点斗争，躲进书楼成一统，日读书夜读书，一读十几年几十年，戴副越来越深度的近视眼镜，不苟言笑，皱纹深刻。(18) 对于女人来说，这是不是忒滑稽了一点？

…………

(19)（逆接－让步）当然，男人绝对不能干的事也不少，(20)（顺接－递进）并且常被男人们自己忽略。(21)（顺接－举例）比如说男人不能养指甲，(22) 即便是为了掏耳屎养小指甲也难看。(23) 堂堂大男人却十指尖尖，成何体统？

…………

（24）男人千万别织毛衣；（25）千万别男扮女装，（26）擦胭脂抹口红，（27）捏着嗓子唱歌；（28）男人（顺接－并列）还忌讳有鲜润红亮的唇，（29）鲜润红亮在一圈黑胡茬子中同样令人惨不忍睹。(30)（逆接－转折）不过话又说回来，人家若天生一副红唇怎么办？（30）有一个办法便是抽烟，(31）一抽颜色就能沉着起来。（32）（逆接－让步）当然，这是一句玩笑话了。

（选自池莉《男女有别》）

以上标记的逻辑词能标示出语篇的连贯关系，当然语篇中还蕴含着隐性的、没有逻辑关系词的连贯关系，在下一节我们再讨论。

4.2.3 显性连贯关系可研究的问题

我们只是对显性连贯关系进行了初步的分类，当然分类的标准不是唯一的，若按本书提出的分类标准，其中还隐藏了很多尚待研究具体问题。可探讨的问题如下：

（1）显性连贯关系的分类标准。如何分类能更方便地运用到自然语言处理领域，这是个需要不断实践修正的可行性课题。

（2）词汇照应现象中，如何让计算机确定指代词所指的范围？比如“这”是指代前面多少个小句的内容？若“他”上文有两个人，该如何确定指的是哪一位？

（3）词汇照应现象中，局部同形表达式如何生成？有没有一定的规律可循，或是基于语料库的统计？如果让计算机操作，其结果是否符合人们的使用习惯？如：

例 5

我们首先到达黄陂县城，与县教委的领导见面。领导们给我们介绍了……

“县教委的领导”与“领导们”是局部同形表达的一例，该例的规律是修饰语后的名词即为中心词，于是照应词便可直接使用中心词。

（4）关于词汇异形照应中的同义词与上位词照应，是不是有限的？能否基于语料库做一个统计，建立一个背景知识词汇库供计算机使用？

（5）词汇照应现象中的词汇搭配现象很大程度上是由人们长久的语言习惯、社会文化背景以及其他约定俗成的语言规范等因素支配的，因此，某一语言群体的词汇搭配使用是相对稳定的。也就是说，基于大量的语料，我们可以发现一些常见的语义搭配、语用搭配以及语法搭配组合。同时，我们可以发现某种搭配使用在特定语料库中出现的频率（概率），进而在计算机语篇生成与理解方面提供方便。当然，值得注意的是，词汇搭配受限于文体、场合、文化背景等多种因素，在实际研究中可细化到某一具体类别，如新闻报道、记叙文、书信等。

（6）词汇搭配虽依赖于语言使用习惯，但也并非一成不变。语言的魅力在于它的创造性，词汇搭配有时不当或出现新的组合，也可能给人耳目一新的感觉。实际上，很多文学家擅长打破惯有的词汇搭配传统，实验语言的创新。比如“写”字，通常与“纸”

“笔”“学习”“文章”等词汇搭配，但也有人尝试“脸上写满了笑容”。总结这类创新用法，需基于惯有的词汇搭配概率，发现偶然而恰当的用法，对语言的创造性做一种诠释。

（7）逻辑关系词可能是有限数量的，是可以穷尽的。同时（1）提到的分类问题也基于此。有了这些研究，便可以帮助计算机识别这些逻辑关系词，与它们所标识的显性连贯关系。

（8）逻辑关系词是连接小句或更大单位的词或短语，必然涉及它所管辖范围的问题。如何确定逻辑关系词的管界，也值得研究。

4.3　隐性连贯关系

隐性连贯关系在自然语言中十分常见，甚至多于显性连贯关系。与后者不同，隐性连贯关系没有可以明显标识的逻辑关系词或词汇照应与搭配，而是依靠命题间的语义关系进行推断。当然我们人脑的运算速度非常快，以至于我们平常都意识不到中间环节。

例 6

（1）村前火车经过河桥，（2）看不见火车，（3）听见隆隆的声响。

（选自萧红《生死场》）

（2）与（3）存在一种转折关系，前面是否定的，后面是肯定的。然而两小句之间并未使用“虽然……但是……”这类的逻辑关系词进行标识，尽管如此，我们还是能理解其中的转折意义。

4.3.1 隐性连贯关系分类

本书的研究任务不是提出或穷尽汉语的连贯关系，只是通过构建以自然语言处理为导向的现代话语语言学框架，涵盖并讨论连贯关系问题。如上节显性连贯关系存在分类问题，隐性连贯关系也同样。本书参照廖秋忠（1986）对汉语连接成分的分类，Mann & Thompson（1988）修辞结构理论，Hyland（2008）对元话语的分类和邢福义（2001）对汉语关联词的分类标准，试提出以下不完全的分类：

表 4－2 隐性连贯关系分类

关系类型	关系图示	关系类型	关系图示
顺序 sequence	●→●	详述 elaboration	★←●●
递进 progression	●→●	总结 summary	●●→★
因果 cause－result	●→●；●←●	条件－结果 condition	●→●
目的 purpose	★←●；●→★	推论 reference	●●→★
让步 concession	●←●	对比 contrast	●←→●
问题－解答 solutionhood	●→●	背景－主体 background	●→●
解释 interpretation	★←●	评估 evaluation	●←●
转题 shift	★→★	题外 P. S.	★→●
……		……	

4.3.2 隐性连贯关系的标注

下面我们尝试对一篇语料的逻辑语义连贯关系进行标记（EC：显性连贯，IC：隐性连贯）：

例 7

（IC 总结●●→★）（1）所谓小传只给了我们这五条材料，（IC 详述★←●●）[（EC 转折●→●）（2）虽简略，（EC 转折●→●）（3）却具权威性。]（EC 条件）（4）如果感到歉然，（●→●EC 结果）（5）我们可以到《庄子》书中去搜索材料。（IC 详述★←●●）（6）其间故事不少，（EC 递进●→●）（7）而且生动有趣，（IC 评估●←●）（8）可补小传不足。（IC 转题★→★）（9）今将搜索所得综述之。

（★←●●IC 详述）（10）庄先生在家乡做个管理国有漆树园林的吏员，（★←●IC 详述）（11）收入微薄，（IC 详述）（12）仅足糊口。（IC 背景）（13）公务闲暇，（●→●IC 主体）（14）著述自娱，（●←●IC 评估）（15）亦颇快乐。（IC 原因）（16）某年春荒，（●→●IC 结果/问题）（17）无粮下锅，（●→●IC 解答）（18）不得不去找监河侯借粟米。（IC 详述★←●●）（19）监河侯是宋国黄河水利官员（IC 详述）20）庄周的旧友，（IC 详述）（21）为人极悭吝。（IC 顺序●→●）（22）他说："好吧。（IC 条件）（23）到了年底，领地百姓给我交纳赋税来，（●→●IC 结果）（24）我一定借给你三百金。"（IC

顺序/原因/问题●→★）（25）庄先生被戏弄，（IC 结果）（26）气得眼鼓鼓的，（●→●IC 解答）（27）不好发怒叫骂，（EC 选择●→★）（28）只能讲个笑话揶揄自己，（IC 详述●←●）（29）讽刺对方。（IC 详述●←●）（30）笑话大意是说："我是一条鲫鱼，（IC 详述●←●）（31）躺在路边车轮碾的槽内，（详述［（IC 条件）（32）求你给一升水，（●→●IC 结果）（33）便可活命。］）（EC 转折●→●）（34）你却绕开我，（IC 因果●←●）（35）说你要求游江南。（IC 顺序●→●）（36）江南游了，（EC 顺序●→●）（37）再去蜀国放大水入长江，（IC 顺序●→●）（38）引长江灌黄河，（IC 目的●→●）（39）让黄河泛滥，（IC 详述●←●）（40）洪波滚滚来迎我。（IC 解释●←●）（41）你开了骗人的空头支票，（EC 选择●/●）（42）还不如早些到干鱼店去找我。"（EC 顺序●→★）（43）后来这个笑话写入《庄子·杂篇 外物》，（IC 评估●←●）（44）至今令人莞尔。

由于语言是线性的，不管我们想说的话中包含了多少个环节，在语言表述上仍然是线性的表达。上文的标示符号体现了语言的线性特征，但我们也可以把它的语义结构做成图 4-1 的形式：

在图 4-1 中，每相邻的小句之间是线性关系，但有很明显的分级。如图中圆圈内的小句是其他指向它的更小的句子的核心，这些核心小句在文本标识中是★所指的句子，如（10）（18）（24）（25）和（28）（43），这些句子往往是段落内的节点；而多个圆圈的核心小句又指向更高的核心小句，即粗竖线标识的小句，在文本

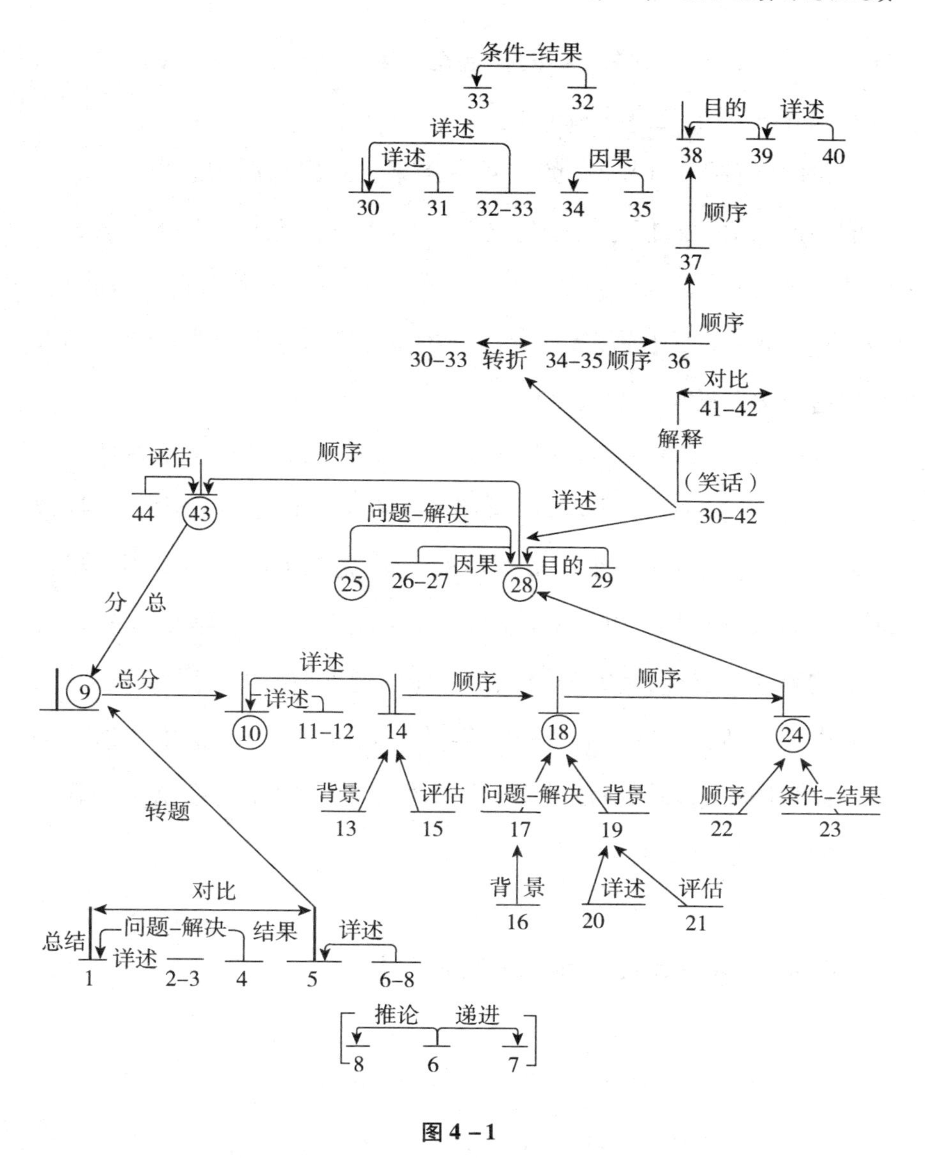

图 4－1

标识中是★←●●或●●→★所指的句子，这些句子往往是段落中心句。从这个图中，我们可以看出，尽管语言是线性的表达，但语义可以是一环套一环的，如（10）至（44）皆统领于（9）之下，或者说［(10)—(44)］的集合是(9)的一个子集，而(9)与(1)又是不产生交集的两个集合。

我们试着把(1)和(9)单拿出来，看看它们的意思。"(1)所谓小传只给了我们这五条材料"，"(9)今将搜索所得综述之"，可见集合(1)包含的是"(上文《小传》的)五条材料"，而集合(9)包含的是"(《庄子》书中)搜索所得"，这两点也就是我们选取的这个语篇的中心思想。

集合［(10)—(44)］是集合(9)"搜索所得"的其中一个子集，而［(10)—(44)］讲述的大意又可以由★次中心句提取出来：(10)庄先生是个吏员；(18)(因无粮下锅)不得不去找监河侯借粟米；(24)(监河侯条件：领地百姓给我交纳赋税来)我一定借给你三百金；(25)和(28)(问题-解答)庄先生被戏弄，只能讲个笑话；(43)后来这个笑话写入《庄子》。这里，连贯关系可以帮助我们理解篇章大义，找出中心句，对于篇章结构与管界问题的研究很有帮助。

4.3.3 隐性连贯关系可研究的问题

下面谈谈隐性连贯关系可以有哪些小主题：

(1)首先还是分类问题，学界一直没有定论，也认为不可能有定论，因为语言的多样性以及标准难以确定的问题，很难由一个人说了算。这是一个开放的领域，在更多的人不断地尝试与实践中，相信可以找出一些共性，形成某些主流。

(2) 如果有了一个分类，又用怎样的形式将文章的语义关系表现出来呢？Mann & Thompson 采用树状结构，这能很好地表现语义关系的层级性，但在表现平行关系或者集合关系等方面又稍欠缺一些。

(3) 隐性连贯关系是基于语义而确定，不同于显性连贯关系可以依靠语言层面的信息来确定。而语义又是一个不那么确定的概念，不同的人对一句话的理解甚至都可能不同，再加上语境和文化背景等因素，语义本身就十分复杂。从逻辑语义角度研究隐性连贯关系，有什么便利与局限？

(4) 对于某种特定的隐性连贯关系，如何让计算机识别？例如评估关系，我们能知道这是一种评价，代表作者或发话人的态度，但计算机如何能知道？基于语料的研究能不能发现一些共性或规律？

4.4　小结

自然语言的天然特征便是连贯性，大到一篇文章一本书，小到一词一句，皆以其连贯的特征而为人理解。我们希望帮助计算机生成和理解自然语言，势必要让计算机掌握话语连贯性的规律特征，掌握一些规则方法来帮助计算机识别连贯关系。以自然语言处理为导向的话语语言学，将连贯问题置于核心地位，探索连贯关系的种类与表现，寻找识别某种连贯关系的最佳方法，提取篇章的中心思想与主旨大意，是现代话语语言学研究具有现实意义的重要内容之一。

连贯实质上是语篇的语义关联，存在于语篇的底层，是语篇的无形网络。本书将连贯关系分为显性连贯关系与隐性连贯关系，目的在于区分有无语言手段和标记语的标识，即认识主体能否就语言表层对连贯关系进行识别。而实质上，显性连贯关系与隐性连贯关系背后的实质都是逻辑语义关系，如因果、对比、详述等，这些关系将话语单位组织在一起。

显性连贯关系，是指用语言手段标示出来的连贯关系，连贯性可凭语言（词汇）层面的信息进行解释。由于是在语言层面的体现，因而我们设想对计算机自然语言处理中的浅层处理会有帮助。对连贯关系的分类，至今没有标准的结果，本书参考了 Halliday & Hasan（1976），廖秋忠（1986），Hyland（2008），胡壮麟（1994），Hoey（2005）等人对衔接与连贯、篇章连接成分、元话语、词汇搭配等方面的研究成果，将显性连贯关系分为词汇关系和逻辑关系两大类。词汇关系又分为语篇照应与词汇搭配，这里主要依靠词语之间语义的关联与主题的延续来维系连贯关系。逻辑关系又分为顺接，逆接，转接和选择，主要依靠对命题意义之间的逻辑关系进行的分类，每个主体之下又有若干分类。综述之，本书将显性连贯关系分为 40 个小类，每一个小类附有定义和举例，可作为一种分类参考。然而任何一种分类都难做到完美，因此本书的目的不在于提出怎样的分类标准，而在于方法的实践与问题的提出。对于本书提出的分类，我们用一篇语料进行了显性连贯关系的人工标注，但最终若希望计算机能完成这项标注工作，还需要付出巨大的人工标注积累，寻找出规律来帮助计算机识别某一种连贯关系。随后，本书提出了关于显性连贯关系可研究的话题，其中包括分类问题，词汇与连接词管界问题，以及词汇搭配的约定俗成规律与创新等许多可以讨论的话题。

隐性连贯关系同样十分常见，它没有可以明显标识的逻辑关系词或词汇照应与搭配，而是依靠命题间的语义关系进行推断。当然我们人脑的运算速度非常快，以至于我们平常都意识不到中间环节，然而这个中间环节对计算机来说是十分重要且万不可忽视的。隐性连贯关系的研究方法主要借鉴修辞结构理论，默认连贯话语的每一个小句间都存在某种连贯关系，且篇章是有层级性的，每一级都有基于一种连贯关系的一个核心（nucleus）和辅围（satellite），这个核心又能与另一个核心组成一组新的连贯关系，产生更高一级的核心 - 辅围成分，最终的篇章中心可从这些核心成分中提取出来。本章基于前人的研究与分类，提出对隐性连贯关系的不完全分类，并附以关系图示标注，帮助进行形象化的推演。在对一篇语料的标注中，首先辅助使用了关系图示，发现箭头所导引的方向很容易让人识别出核心成分来。但由于语言是线性的表达，篇章的有些层级性难以表现，本书便换用了图像的形式来呈现文本，打乱其线性结构，结果论证了关系图示对核心成分的标识性，甚至由图得出段落的中心思想来。本章的方法虽能帮助生成中心思想，但同样还是依赖人工，这就还是回到开始的问题：连贯关系如何识别。除此之外，还提出了其他可研究的小课题以供讨论，如分类问题、关系表示问题等。

本章以连贯关系为核心，探究以自然语言处理为导向的话语语言学可研究的问题，并对连贯关系进行分类与实例分析，在人工条件下完成标注与中心思想提取工作，同时提出了多个小课题以供讨论。只是本书研究水平有限，无法完成对更多语篇的标注与提取梗概工作，也无法涉及话语语言学中可与自然语言处理接轨的其他话题，如篇章结构与管界，实为遗憾。但我们相信通过日后的研究工作，以及广大语言学工作者的共同努力，可对以自然语言处理为导向的话语语言学做出更全面、更深入的研究。

参考文献

[1] Brown, G. & Yule, G. (1983). *Discourse Analysis*. Cambridge University Press.

[2] Dijk, T. A. van. (1977). *Text and Context. Longman Inc.*.

[3] Halliday, M. A. K. & Hasan, R. (1976). *Cohesion in English*. Longman Inc.

[4] Maite Taboada & William C. Mann. (2006). Rhetorical Structure Theory: looking back and moving ahead. *Discourse Studies*. Vol 8 (3):423 – 459.

[5] Mann, W. C. & S. A. Thompson. Relational Propositions in Discourse [R]. Marina del Rey, CA: Information Sciences Institute, 1983.

[6] Hyland, Ken. (2008). *Metadiscourse*. Beijing: Foreign Language Teaching and Research Press.

[7] Hoey, Michael. (2005). *Lexical Priming: A new theory of words*

and language. Routledge.

[8] Schiffrin. D. Discourse Markers [M]. Cambridge: Cambridge University Press, 1987.

[9] 何兆熊.(1983).话语分析综述.《外国语》,第4期(总第26期).

[10] 胡壮麟.(1994).《语篇的衔接与连贯》.上海:上海外语教育出版社.

[11] 黄国文.(1988).《语篇分析概要》.长沙:湖南教育出版社.

[12] 黄国文,徐珺.(2006).语篇分析与话语分析.《外语与外语教学》,第10期.

[13] 李佐文,张天伟.(2006).话语语言学是语言学历史发展的必然.《外语研究》,第3期(总第97期).

[14] 廖秋忠.(1986).《语用学的原则》介绍.《国外语言学》,第4期.

[15] 廖秋忠.(1992).现代汉语篇章中的连接成分.《廖秋忠文集》.北京:北京语言学院出版社.

[16] 钱敏汝.(2001).《篇章语用学概论》.北京:外语教学与研究出版社.

[17] 王福祥.(1994).《话语分析概述》.北京:外语教学与研究出版社.

[18] 王佐良,丁往道(1987)《英语文体学引论》.北京:外语教学与研究出版社.

[19] 邢福义.(2001).《汉语复句研究》.北京:商务印书馆.

[20] 徐赳赳.(1995).话语分析二十年.《外语教学与研究》,第1期(总第101期).

[21] 朱永生.(2003).话语分析五十年:回顾与展望.《外国语》,第3期(总第145期).

第五章

语义网络与话语连贯

5.1　语篇和意义

关于语篇，不同的语言研究流派从不同的角度给出了不同的定义。结构主义语言学流派认为语篇是大于句子的超句体。Halliday & Hasan（1976：1）认为语篇是使用中的语言单位，不是句子一样的语法单位，而是语义单位，是不受句子语法约束的在一定语境下表达完整语义的自然语言。语篇即是产品又是过程，是一个不断进行语义选择的过程（Halliday & Hasan，1985：10）。Brown & Yule（1983：18）区分了话语（Discourse）和语篇（Text），语篇是话语的具体表现形式。Beaugrande（1980，13）认为语篇是人类行动的一种语言表达形式，这种行动产生了语篇，可以是一个词、一个句子或是一套片段，指导语篇接受者构建该语篇相关的各种关系，指导就是指引接收者做出处理行动。

关于意义的研究，语言学家关注语言系统的不同层面，从词汇层面拓展到了句子和语篇层面，从不同的角度进行阐释，例如：有关词汇意义的指称论、概念论、行为主义观、语义成分分析和词汇的认知语义理论；关于句子意义的述谓结构分析、心理模型理论。莱尔德提出了“心理模型理论”或“程序内涵主义”，认为句子的意义来源于通过话语建立的心理模型。听者对话语意义的理解在于他在过去知识和当下有关信息的帮助下，基于本有的能力，形成了相应的表征或心理模型。心理模型的建立是语言意义的根源或基础。理解意义是一个“构造心理模型的过程”（Johnson - Laird，1988：110）。功能主义语言学提出语境对语言意义的影响。Jackendoff（1990）认为自然语言中的意义是人类心智编码的信息结构，句子的意义是一个概念结构。根据程序语义学，话语并非简单地“存在”，或者“具有”意义，话语的意义是智能处理者在计划—目标的行动中建构出来的（陈忠华，2004：10）。

对于语篇意义的研究，属于语篇语义学。目前有两个主要学派：以 Halliday 为代表的系统功能语言学派，和以维也纳学派 Beaugrande 和 Dressler 为代表的篇章语言学（王振华，2009）。系统功能语言学认为语言是个具有意义潜势的系统网络，为了实现某种功能，从语言的系统中进行选择，产生了语篇的意义，包括概念意义、人际意义和语篇意义。Beaugrande 认为语篇是人类活动，可以按照在广泛的活动中利用知识的程序来理解语篇的意义，语篇中的语言意义是人类各种活动中获取知识、储存知识和利用知识的特殊情况（Beaugrande，88）。语篇理解就是人们运用知识利用的程序来构建语篇的语义网络，这种语义网络又被称作语篇世界模型。本书将在 Beaugrande 的语篇语言学理论框架下，结合语篇世界中的语义网络探讨语篇意义的构建。

5.2 语义网络和语篇世界模型

5.2.1 语义网络介绍

语义网络最早由奎廉（Quillian）于 1969 年提出，用来描述人类联想记忆的一种心理学模型。语义记忆是概念之间或概念与特征之间的联系而组成一个庞大的知识网络。语义网络是一种通过概念及其语义关系来表达知识的有向图。在语义网络结构中使用了三种图形符号：框 - 节点，带箭头及文字标识的线条 - 有向弧，文字标识线 - 指针。节点表示概念，边表示概念之间的联系，边也称为联想弧，因此，这类网络也称为联想网络。在奎林工作的基础上，西蒙于 1970 年首先提出了语义网络概念，并把语义网络表示法应用到语言理论系统中。语义网络在描述事件、概念、状况、动作及客体之间关系的同时，可以表示简单的基本事实、动作或事件和具有连接词的事实或事件。

语义网络用来描述心理词汇结构，表达词和词之间的关系。词是节点，节点之间的关系是语义关系。词汇是以层级的形式储存，实现认知经济。层级性表现在上下位概念的层次等级关系，是一种概念和概念之间的关系。还有一种关系，是概念与所具有的特征或属性之间的关系（Beaugrande，1980：146）。语义网络用来描写知识的模型。知识在心智中是以网络形式而储存的，不是独立而分散的。在人工智能领域，语义网络应当为信息表征提供一种便利的结构，以实现知识的连续性推理（刘伟伟，2015）。

5.2.2 Beaugrande 的语篇与语篇世界模型

Beaugrande（1981）提出语篇是交际事件，需要满足语篇性的七条标准：衔接、连贯、意向性、可接受性、信息度、情境性、互文性。衔接是关于语篇表层成分的组织方式，表层成分需要语法依赖关系相互连接。连贯是处在语篇表层下的语篇世界中的成分相互可及和关联的方式，语篇世界是语篇表层下概念和关系的构型。关系包括语篇世界中概念之间的关系，以及事件或情景之间的因果关系、使成关系、时间关系等。意向性是关于语篇产生者的态度，言语发生物应该构成一个衔接和连贯的语篇来实现产生者的意图，传递知识或者达到计划中的目标。可接受性指的是语篇对于接受者来说是有用的或相关的。信息度是语篇中言语发生物的可期待程度，语篇应该具有一定的信息度。情境性指的是语篇要和发生的情景相关。互文性是语篇的使用依赖于之前所遇到的一个或多个语篇知识。这七条标准是语篇交际的构成性原则，它们之间具有互动性。除此之外，还有三条调节性原则控制语篇交际：语篇效率、有效性和合适性。语篇效率取决于参与者在交际中花费多少的努力。有效性在于留下深刻的印象，在于为达到目标提供有利的条件。合适性是语篇的背景和语篇性标准实现方式之间的一致。

语言是个虚拟系统，由可获得的选择构成。语篇是个真实系统，从语言的虚拟系统中提取选择，按照特定的结构关系使用，通过现实化的程序完成语篇的使用。语篇的使用是知识的提取、重置和储存的特殊情况。概念是知识的实体。概念的建立包括两个过程：情节记忆和语义记忆。语义记忆是系统化的知识，关于世界是什么样的，以及不同的世界是如何联系的。情节记忆提供给语义记忆处理内容，在语义记忆中进行程序处理，最终形成概念。概念化过程是通过抽取实体的特征，转变为抽象的符号格式，符号格式是概念内容的配比模式。概念通过概念－关系网络提供组织程序来管理知识。概念－关系结构指的是概念和概念之间发生的各种关系，它是知识储存、提取和利用的基本格式。如：病毒－疫情，疫情－突发、重大－突发、疫情－防控。

语篇世界是实现语篇连贯的基础，它是语篇底部进行概念－关系结构的认知操作，形成的语篇语义网络。语篇表达式激活了知识，构建了语篇世界，是语篇使用者心智中知识构型的一种比对（Beaugrande，1981：109）。

语篇世界模型由四个部分组成：概念、关系、算子、优选规则。Beaugrande 提出一级概念 4 个，包括对象、情景、事件和行动。对象是具有稳定构成或身份的概念实体。情景是存在的对象和它们的当前状态的构型。事件改变一个情景或情景状态。行动是施事有意图地引起事件的发生。

二级概念 41 个，分为 5 种类型，第一种围绕一级概念进行定义，包括：状态、施事、被影响实体、关系、属性、时间、地点、运动、工具、形式、部分、物质、包含、原因、使成、数量；第二种定义人类经验，包括：理由、目的、感知、认知、情感、意愿、交流、拥有、情态；第三类定义类属，包括：实例、细目说明、纲、目；第四类定义关系，包括：初始、终止、进入、退出、接近、投射；第五类定义符号交际情况，包括：意义、价值、等值、对立、同指、复现。概念和概念的结合可以产生更具体的概念，例如：物质和数量产生重量或面积；数量和运动产生速度。

Beaugrande（1980：82）提出 33 种主要针对一级概念和二级概念之间的关系类型。小括号内的是关系的英语名称，方括号内的是以英语小写字母表示的关系标示。

状态关系（STATE – OF）[st]：表明某一认知实体的当前条件；

施事关系（AGENT – OF）[ag]：表明某一实体能够执行一种行动并能改变情景；

受事关系（AFFECTED ENTITY）[ae]：一种实体的情景被一个事件或行动所改变；

相关关系（REALTION – OF）[re]：包括一系列明显、具体的、不必建立分离连线的关系，例如：某某的父亲、某某的老板；

属性关系（ATTIBUTE – OF）[at]：某一实体的特征或者固有条件；

地点关系（LOACATION - OF）[lo]：实体与空间位置之间的关系；

时间关系（TIME - OF）[ti]：时间的说明；

运动关系（MOTION - OF）[mo]：实体改变位置；

工具关系（INSTRUMENT - OF）[in]：非意图物体为某个事件或行动提供方式；

形式关系（FORM - OF）[fo]：连接实体和形式、形状和轮廓概念；

部分关系（PART - OF）[pa]：实体与它的构成部分或片段之间的关系；

物质关系（SUBSTANCE - OF）[su]：表示实体和组成成分之间的关系；

包含关系（CONTAINEMENT - OF）[co]：一个实体包含另一个实体的关系；

致使关系（CAUSE - OF）[ca]：事件一是事件二的原因，事件一是事件二的必要条件；

使成关系（ENABLEMENT - OF）[en]：事件一是事件二的使成因素，事件一为事件二创造了充分但不是必要的条件；

原因关系（REASON - OF）[re]：如果事件二的施事对事件一做出合理反应，那么条件一是事件二的原因；

目的关系（PURPOSE - OF）[pu]：如果事件一的施事有一个计划，期待事件一能够使成事件二，事件二是事件一的目的；

感知关系（APPERCEPTION - OF）[ap]：具有感知能力的实体

与获得知识操作之间的关系，例如：科学家 - 观察；

认知关系（COGNITION - OF)[cg]：感知实体进行认知操作；

情感关系（EMOTION - OF)[em]：感知实体与体验性或评价性的、非中性的兴奋或压抑之间的关系；

意愿关系（VOLITION - OF)[vo]：感知实体与意志或期望活动之间的关系；

交际关系（COMMUNICATION - OF)[cm]：感知实体与表达或传递认知之间的关系；

拥有关系（POSSESSTION - OF)[po]：感知实体被认为拥有其他实体；

实例关系（INSTANCE - OF)[in]：类和成员之间的关系；

细目说明关系（SPECIFICATION - OF)[sp]：纲与目之间的关系；

数量关系（QUANTITY - OF)[qu]：实体与数量、范围、规模、计量单位之间的关系；

情态关系（MODALITY - OF)[md]：实体和情态概念间的关系；

意义关系（SIGNIFICANCE - OF)[si]：两个概念被表示处于象征的关系；

价值关系（VALUE - OF)[va]：概念和其价值；

等同关系（EQUIVALENCE - OF)[eq]：相等、相似、相对应的关系；

对立关系（OPPOSITION - OF)[op]：与等值关系相反；

同指关系（CO - REFERENTIAL - OF）[cr]：具有不同固有内容的概念被用来指称语篇世界中的同一个实体。

复现关系（RECURRENCE - OF）[rc]：语篇世界中同一个概念的两次出现，但是不必指称同一个实体。

8个算子界定关系的状态，关于规定关系的起止点，模糊性，非事实性，说明连接强度。

起始（INITIATION）[ι]：说明关系刚刚由于外力或施事而发生；

结束（TERMINATION）[†]：由于外力或施事，关系结束；

进入（ENTRY）[ε]：一个实体进入一种关系，而不是带来一种关系；

退出（EXIT）[χ]：实体退出一种关系；

接近（PROXIMITY）[Л]：关系中的居间或者距离；

投射（PROJECTION）[ρ]：一种关系是可能的，或正处于考虑之中，但是在语篇世界中没有实现；

确定性（DETERMINATENESS）[δ]：用于显示概念身份关系的世界知识因子；

典型性（TYPICALITY）[τ]：关于概念表征中惯常、非强制性特征的世界知识因子。

5.3 语篇意义与语篇世界模型中的语义网络

5.3.1 语义网络构建

Beaugrande 认为语篇的利用是获取、储存和利用知识的过程，概念是知识的构型，语篇的产生和理解又是建立、组织、重置、展开、简化、详解或者归纳“概念－关系结构”的操作。词或词组单位是语篇底层概念和关系的表层名称。在交际过程中，语言表达式的使用激活了这些概念和关系，将底层单位的内容输入到心智中的当前存储系统（Beaugrande，1980：65－67）。处理者在语篇利用过程中，通过建立概念间的联系，构建了语篇的语义网络。首先，语篇处理者的注意力尤其指向发现构建语篇世界的控制中心。控制中心的最可能选择是一级概念：对象、情景、事件和行动。处理者从一级概念起建立与二级概念的关系。

例 1

豚草是北京市重大突发植物疫情重点防控对象。

豚草是一个独立的一级概念，处理者从豚草节点依次进入下一节点，按照问题－解决的程序，寻找概念间的联系，来维持语篇系统的稳定性。“北京市”“重大”“突发”和“植物”分别和“疫情”构成位置关系、属性关系、状态关系和细目说明关系。“防控”和重点形成属性关系，又分别和“疫情”“对象”形成受事关系，“疫情”和“对象”形成同指关系。这个句子中的概念和关系就形成了一个语义网络，如图 5－1 所示：

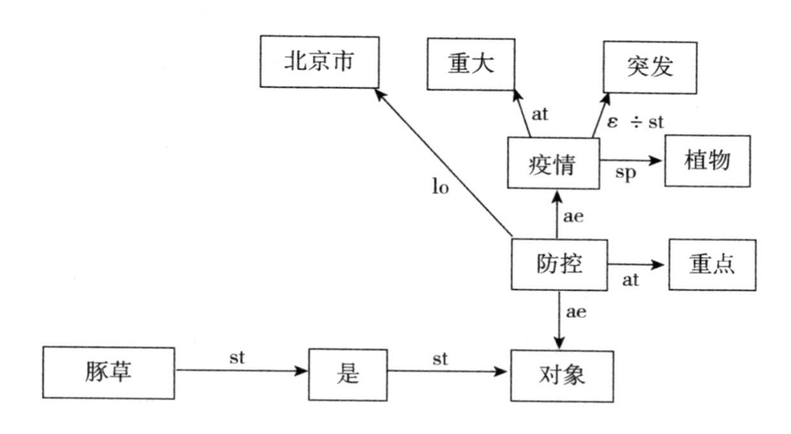

（at：状态，at：属性，st：细目说明，ae：受事，lo：地点，ε：进入）

图 5－1 例 1 语义网络图

语篇处理过程中，首先概念以微观状态按时序处理，局部的单一成分或者单一概念构成微观状态。当接近另一个中心数据后，便获得一个概念宏观状态，这个新的宏观状态在同一层面上与另有一个宏观状态整合，输出一个更大的宏观状态或知识组块，然后在更高的认知层面上与其他宏观状态整合，形成一个模型空间或更新的知识组块。

如图一所示，“对象”与其他概念建立了各种语义关系，形成了一个宏观状态，“北京市重大突发植物疫情重点防控对象”，然后，豚草这个宏观状态又与它建立了状态关系，而形成了较大的宏观状态。

随着语篇的展开，语义网络不断扩大和更新，形成一个知识空间。

例2

(1) 豚草传入我国后，(2) 分布于14个省市，(3) 80年代传入北京，(4) 发生地点多位于河道两侧、野外、农田及景区周边等区域，(5) 是北京市重大突发植物疫情重点防控对象。

例1的语义网络与例2的前4个小句的语义网络结合，形成了一个较大的知识空间。如图5-2所示：

概念和概念之间的关系不仅出现在小句层面上，小句和小句也通过各种关系连接起来。这句话除了小句（1）的开始有对象概念，其他小句都缺失相对于后续概念的对象，例如：(2)(3)(4)(5)中的分布、传入、发生、是这些动作或状态概念的前面都没有对象概念。根据语篇效率策略，处理者会将这些概念与句（1）的节点概念“豚草”建立联系，从而将5个小句联系起来，它们共用了“豚草”节点，“豚草”成为这个语义网络的主题节点，也是这个知识空间的控制中心。中心承担最重的连锁关系，是知识空间中的活跃点。除了共享主题节点之外，小句和小句之间构建了时间关系、重复关系等，例如：小句（1）和小句（2）之间的时间关系，小句（1）和小句（2）中“传入”概念的重复，小句（3）和小句（5）中“北京市”的重复。

这个段落后面还有两句。

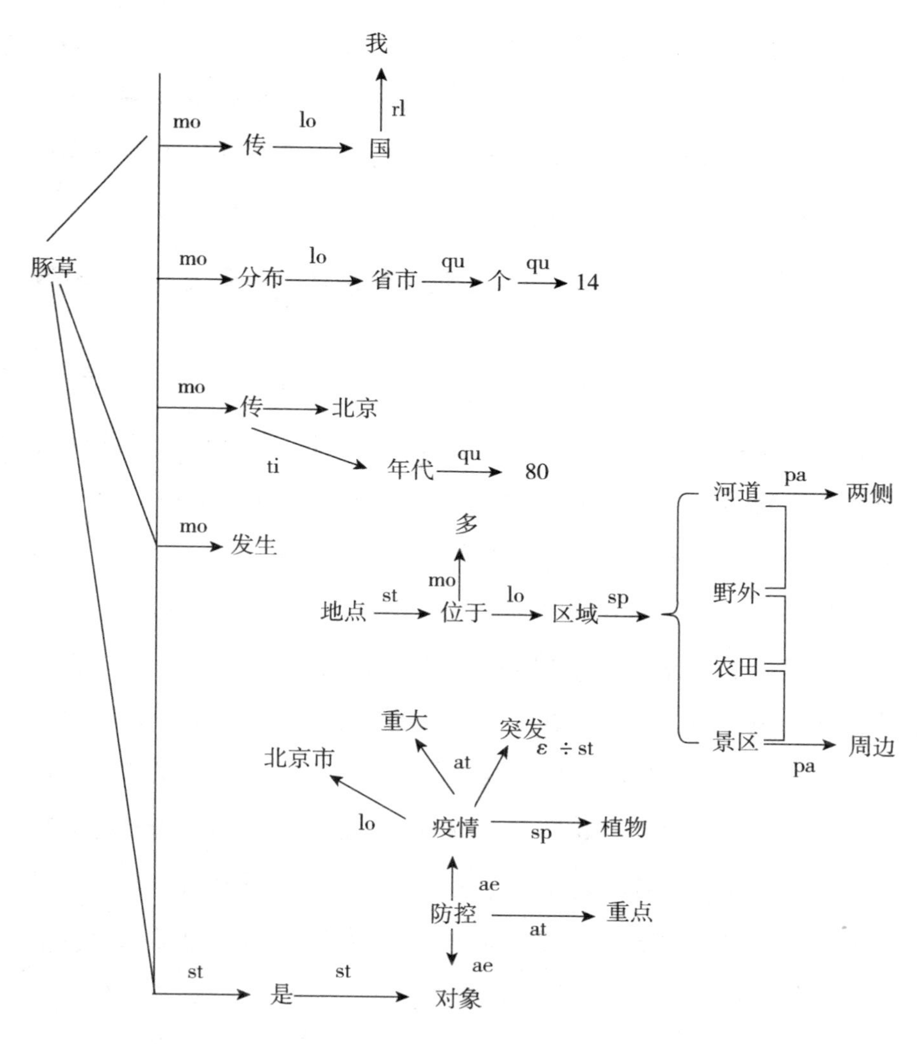

(**mo**：运动，**at**：状态，**at**：属性，**st**：细目说明，**ae**：受事，**lo**：地点，**md**：模态，**pa**：部分，**qu**：数量，**ti**：时间，**rl**：关系，**ε**：进入)

图 5－2 例 1 与例 2 语义网络结合图

例 3

豚草一旦在农田发生，将和农作物争夺养分和水分，严重时能导致农作物大面积减产。豚草的叶子中含有苦味的物质和精油，一旦为乳牛食入可使乳品质量变坏，带有异味。

它们的语义网络和第一句话的语义网络连接，形成了这个段落的知识空间。如图 5-3 所示：

这一段中，三句话的语义网络中心均为“豚草”或与“豚草”为部分关系的“叶子”。这个段落的知识空间控制中心是“豚草”，展示了“豚草”与其他概念之间的运动关系、施事关系、包含关系、部分关系、属性关系、时间关系、原因关系等。

Beaugrande（1980：81）把知识空间称作概念宏观状态，其中的概念是微观状态。语篇使用者处理相对完整的一个语篇或其片段后形成知识空间，又称作语篇世界模型。我们认为一个小句中的单个概念与单个概念作为微观状态建立联系，形成一个知识的宏观状态；小句和小句的宏观状态建立联系，形成一个句子的宏观状态；在句子层面，宏观状态之间建立联系，形成一个段落的较大的知识空间；不同段落的知识空间又通过语义关系组合在一起形成了整个篇章的知识空间，或者称作语篇世界。

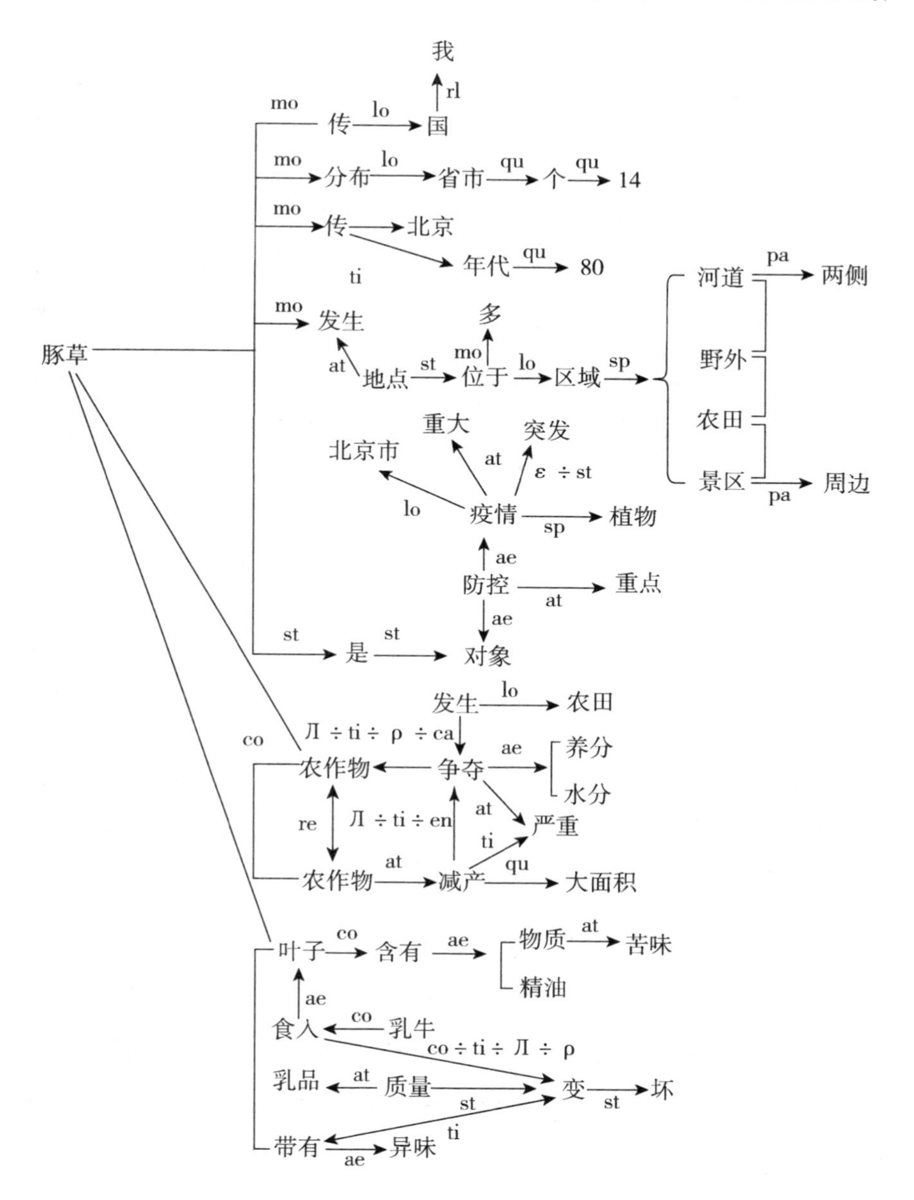

（mo：运动 at：状态，at：属性，st：细目说明，ae：受事，lo：地点，md：模态，pa：部分，qu：数量，ti：时间，rl：关系，ca：原因，co：容纳，en：使成，re：理由，Л：接近 ，ρ：投射，ε：进入）

图 5－3 （例 1、例 2 与例 3 的语义网络图）

示例篇章的第二段如下：

例 4

(1) 豚草还危害人体健康，(2) 是夏秋季花粉过敏原之一，(3) 8 月中旬以后进入开花期产生花粉，(4) 8 月下旬达到高峰。(5) 每株豚草可以生产上亿花粉颗粒，(6) 花粉颗粒可随空气飘到 600 公里以外的地方，(7) 是植物过敏原中最重要的一种花粉类过敏原。(8) 其花粉中富含水溶性蛋白，容易引起易感人群的过敏性反应。

它和第一段结合形成的整个语篇世界如图 5-4 所示，两个知识空间由连接词“同时”构成时间上的并列关系。

语义网络构建的知识空间具有层级性。作为知识实体的概念按照一定的接近路线整合成一个统一的知识单元，这个单元再与其他的知识空间在更高的层面上发生联系。语篇模型空间的作用就是将知识组块，供语篇使用者处理后续语篇时使用，或进入现行和长期储存。

Beaugrande（1980：65-67）认为由语言表达式向其底层内容的流向转变就是一种语义映射，意义就是在这种映射中产生的。从语篇表层向语篇底层的映射过程中，概念被激活，建立了概念-关系结构，形成了语篇的语义网络，语篇的意义就是由概念-关系结构构成的语篇世界。

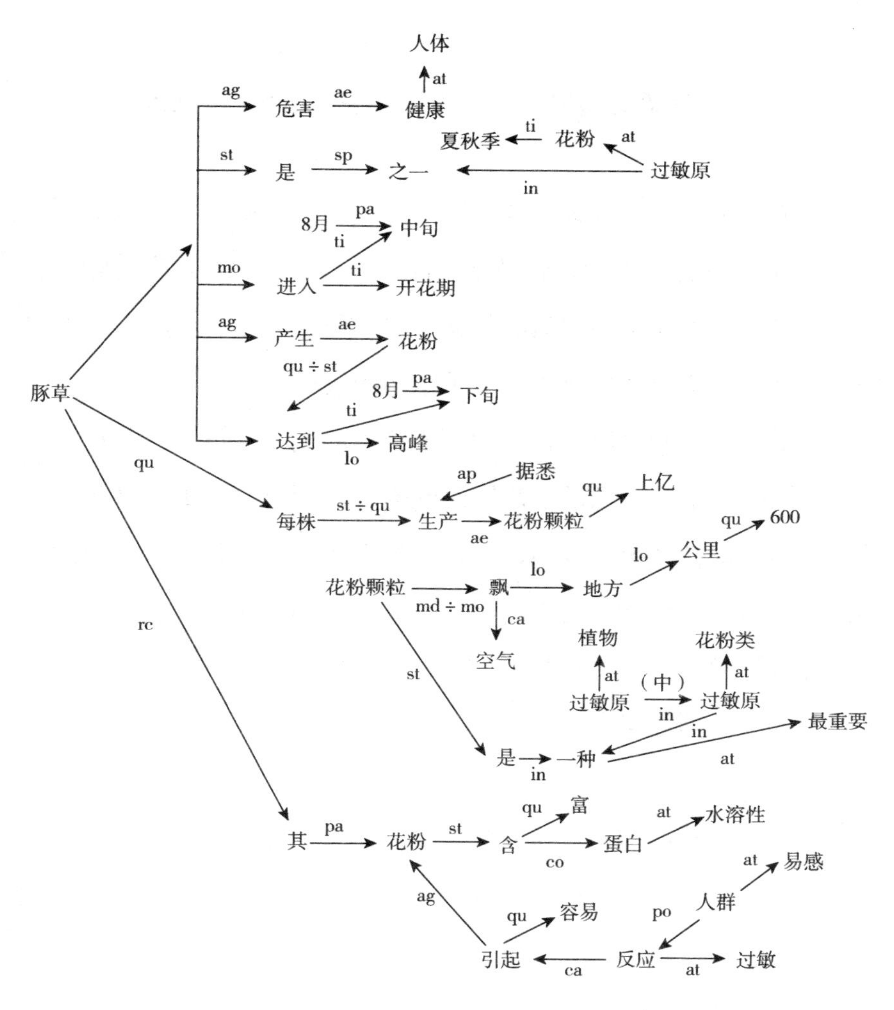

（mo：运动，at：状态，at：属性，st：细目说明，ae：受事，lo：地点，md：模态，pa：部分，qu：数量，ti：时间，rl：关系，ca：原因，co：容纳，en：使成，re：理由，ap：感知，Л：接近 ，ρ：投射，ε：进入）

图 5－4　例 4 的语义网络图

5.3.2 语篇语义网络和语篇表层转换网络之间的互动

人们理解语篇的方式和理解世界方式是一样的，我们具有一些策略允许我们通过模型匹配来预测和标示输入。在语篇交际事件中，语篇表层的句法和句间的其他语法手段提供了一个表层组织结构，限制关于语篇底层概念和关系结构的假设。

语篇的表层和底层存在互动。语篇世界模型是语篇底层的概念依赖关系，向上映射到语篇表层表现为语言项目之间的语法依存关系。在语言虚拟系统可选项目中，一种选择优于其他选择与概念关系发生比对，叫作优先选择。Beaugrand（1980：88 - 89）提出 12 个优先选择规则。(表示可能还存在其他假设，需要被测试)。

主语 - 动词结构同施事 - 行动、施事 - 行动、对象 - 状态优先发生比对；

动词 - 宾语结构同行动 - 被影响实体关系优先发生比对；

动词 - 间接宾语结构同行动 - 受事进入状态、行动 - 受事进入所有关系发生比对；

动词 - 修饰语同状态 - 状态、状态 - 属性关系发生比对；

动词 - 助动词同行动 - 时间、行动 - 情态关系发生比对；

动词 - 形式动词抑制预测并继续；

修饰语 - 中心结构，如果修饰语是形容词，同状态 - 对象、属性 - 对象、属性 - 施事、属性 - 受事发生比对；如果修饰语是副词，修饰语 - 动词同修饰语 - 动作、位置 - 动作、时间 - 动作、工具-动作发生比对；

修饰语-修饰语同属性-属性、属性-位置发生比对；

限制语-中心同数量-对象发生比对或者测试已知、有定的假设；

成分-成分同所有者-对象、纲-目、类-示例、对象-部分、物质-对象、形式-对象发生比对；

并列、析取和对立关系把适合联合构型中第一部分的假设重新应用到了第二部分；

从属关系同原因关系、致使关系、能使关系、时间接近关系发生比对。

Beaugrande 认为语篇表层按照句法依赖关系和小句之间的其他语法手段形成连接，从线性序列划分为语法依赖关系。语篇处理者从一个节点到另一个节点，搜索控制中心，试图确定连接表层元素之间的语法关系，微状态和微状态结合形成宏观状态，宏观状态和宏观状态在更高的层次结合形成更大的宏观状态，最终形成语篇表层的转换网络。Beaugrande 提出了 11 种语法依赖关系，如下面所示：（方括号里是图示符号）

动词-主语［v-s］：小句或句子的最小要求；

动词-直接宾语［v-o］：及物动词和一个能够受到事件或动作直接影响的名词；

动词-间接宾语［v-i］：动词和能够受到事件或动作间接影响的名词；

动词-修饰语［v-m］：非及物动词将主语和表示状态、属性、时间、位置等的表达连接；

动词 - 助词 [v - a]：动词和助动词或情态动词连接；

动词 - 形式表达 [v - d]：动词和填充结构槽的站位表达；

中心 - 修饰语 [h - m]：一个元素与修饰它的表达之间的关系，例如：形容词和名词，副词和动词；

修饰语 - 修饰语 [m - m]：修饰语之间相互依赖；

中心 - 限定词 [h - d]：冠词或者指示词、数词和中心之间的关系；

成分 - 成分 [m - m]：属于同一词类的因素之间的关系，如两个名词或两个动词；

连接：包括并列 [cj]、析取 [dj]、转折 [oj]、从属 [sb]。

我们以“豚草”新闻中的第一句来分析语篇表层网络的构建，如图 5-5 所示。

例 5

(1) 豚草传入我国后，(2) 分布于 14 个省市。

语篇开始的第一个节点是名词“豚草”，它本身就是一个中心(head)，再移动到动词“传”，它也是一个中心（head），两个中心形成了 s - v 关系，建立一个宏观状态。然后，转移到“入”，将期待着“传”的修饰成分，到“我”，它是一个修饰成分，期待着一个名词成分作为“我”的中心，最后，出现了名词“国”，“我国”构成了一个名词词组，作为一个宏观状态，和“入”一起构成“传”的修饰成分，形成了一个更大的宏观状态，然后和“豚草”构成了一个更大的宏观状态。“豚草传入我国”和“分布 14

个省市”，通过连接词“后”，形成了一个具有语法依赖关系的连接网络。

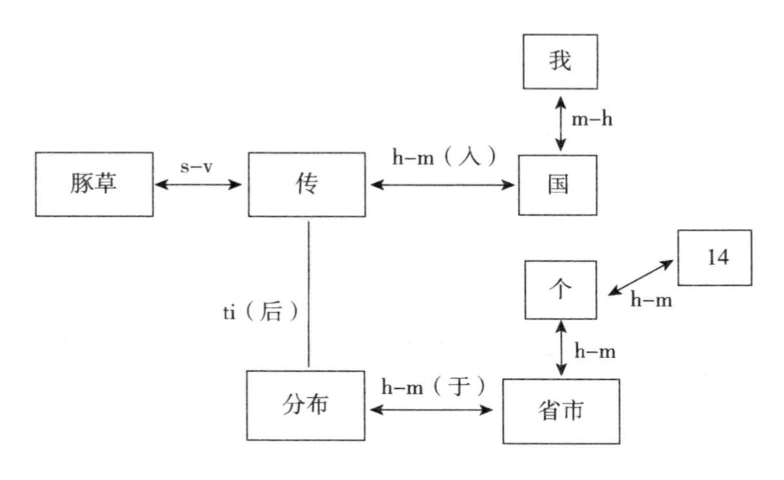

（s–v：主语–动词，h–m：中心–修饰语，ti：时间）

图 5–5　例 5 语篇表层网络图

这个语篇片段的表层语法关系为语篇处理者建构底层的语义网络提供标示。小句（1）和（2）中“传入我国”“分布于 14 个省市”的动词–修饰语结构与位置关系发生比对，“14 个省市”中的中心–修饰语结构与数量关系比对，小句宏观状态中的主语–动词结构与运动关系比对。该语篇片段的语义网络如图 5–6 所示。

我们发现语篇表层的转换网络和语篇语义网络具有相似性。语篇利用过程中，除了小句中的语法依赖关系与底层的语义网络形成互动，小句和小句间也存在各种语法手段与底层概念–关系结构的建构形成映射。语篇表层小句间建立连接的手段有重现、部分重现、排比结构、释义、省略、替代形式、动词的时态和体、连词。我们以“豚草”新闻的第一段为例说明小句间的连接和语义网络之

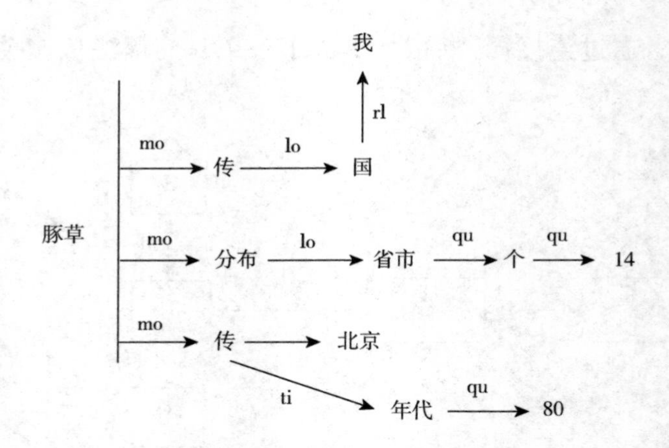

（mo：运动，at：属性，lo：地点，qu：数量，ti：时间，rl：关系）

图5－6 例5语义网络图

间的映射。

例6

（1）豚草传入我国后，（2）分布于14个省市，（3）80年代传入北京，（4）发生地点多位于河道两侧、野外、农田及景区周边等区域，（5）是北京市重大突发植物疫情重点防控对象。（6）豚草一旦在农田发生，（7）将和农作物争夺养分和水分，（8）严重时能导致农作物大面积减产。（9）豚草的叶子中含有苦味的物质和精油，（10）一旦为乳牛食入可使乳品质量变坏，（11）带有异味。

在这个语篇片段表层，通过在三个句子的开始重复"豚草"，与之相对应的底层的三个知识空间的控制中心形成复现关系；小句（1）和（2）重复"传入"，小句（3）和（5）重复"北京"，形成该知识空间内运动关系和位置关系的重现。小句（6）和（10）

重复“一旦”，形成了投射关系和时间关系的重现。小句（1）末尾的时间连词“后”，使小句（1）和（2）形成时间关系。

语篇世界中的语义网络与语篇表层的序列连接相互映射。在语篇生成阶段，语义网络中的概念-结构关系为语篇表层的语法依赖关系和小句或句子间的连接提供标示；语篇理解阶段，这种标示关系正好相反。当人们构建语篇世界时，并行使用表层的言语发生物之间连接关系和底层的概念-结构关系。由于表层连接手段的选择要少于概念-结构的语义连接，两种依赖关系之间的互动是不对称的。

5.3.3 语义网络构建中的语义填补和激活扩展

语篇意义的获得是一个建立概念间的连接，即意义的连接的过程。当概念之间没有连接的时候，被看作是一个问题。在认知科学中，问题指的是一种状态不能过渡到后继状态的情况，原因是通路或者后继状态是错误的，以至于不能移动扩展（Beaugrande，1980：27）。推理作为一种认知操作，指向解决问题。在语篇利用的情况下，语篇断连（discontinuity）就是问题。为了求解这个问题，人的心智就会做出推理，提供合理的概念和填充语篇世界的中断点。（Beaugrande，1981：6）提出语篇处理者在语篇世界中加入个人的知识，叫作推理。

语篇断连主要有两种情况：省略和语篇表层缺少衔接手段。省略作为一种语篇衔接手段，指的是语篇表层明显的断连，用于语篇的简洁和效率。省略经常出现在语篇表层小句的共享结构成分中。

另一种情况是语篇表层缺少衔接手段，同时，底层的概念间也没有明显的联系，这时，需要推理提供合理的概念和关系，填补语篇中的缺口。推理相当于架桥，为一个知识空间架桥，使它与其他知识空间相连。

在我们的示例语篇中，就出现了多处语篇概念连接断裂的地方，需要处理者进行推理，实现语篇的连接。例如：小句主语省略的情况，每个句子都由 3 至 4 个小句构成，除了第一个小句有主语之外，其他小句都缺少主语，那么，处理者通过推理倾向于把无主语的小句中的语义网络与第一个小句的主语连接，使其成为较大知识空间的共享节点。如前面的例 2 所示。对于有多个主语备选的情况，就需要处理者做出更多的处理努力。如例 7。

例 7

豚草的叶子中含有苦味的物质和精油，一旦为乳牛食入可使乳品质量变坏，带有异味。

最后一个小句，缺少主语，“带有异味”的语义网络与其他知识空间缺少连接。处理者需要推理，将与其他概念 - 关系进行连接，主语的备选项可以是“乳牛”“乳品”或者“豚草”，但是，处理者将会推理得出，和“异味”最相关的概念应该是“乳品”。

除了推理，处理者还通过激活扩展和更新等认知操作，使语篇的意义扩展和变化。更新指的是随着事件对情景的影响，人们构建的语篇世界不断发生变化，说明了语篇世界的动态发展。激活指的是概念激活。在语篇水平上的激活，是激活扩展，或者说是联想扩展。如：部分关系类型、物质类型、属性类型等。当语篇表达式激活了一个概念，处理者通过概念激活，还获得与此概念接近的、具有某种关系的其他概念。例如："北京"这个概念被激活后，通过激活扩展，还会得到其他属性关系，如北京－首都之间的属性关系、北京－密集人口的包含关系等。激活扩展不仅表现在小句的层面上的概念间关系，还有不同小句概念之间的关系，这些关系的建立依靠世界知识，例如：示例语篇中出现的三个小句中的概念，我国－省市－北京，它们之间具有的部分关系。

语篇世界不仅包括表层语篇表达式的意义，还有认知过程提供的共有知识，来源于参与者关于事件和情景的期待和经历（Beaugrande，1980：85）。

5.3.4 语义网络和语篇主题的确定

语义网络中构建语篇主题。语篇语义网络，具有共享节点，共享节点指的是在处理过程中，利用频率最高，且反复被激活，处于网络中心位置，与语篇的主题具有图形比对关系的词语，又称作主题节点。主题节点是语篇世界模型空间的绝对控制中心，吸引模糊状态的物质。

一个语段的语义网络主题节点是这一语段的主题，语义网络中的连接密度是主题的表征。例如：语篇第一段第一句话的语义网络中。"豚草"是主题节点，它与该句子的其他概念形成了各种语义关系，依据连接密度，我们发现："豚草"的连接密度最大，"疫情"和"防控"的连接密度也比较大，然后是关于豚草的传入和分布。

在第二句和第三句的语义网络中，我们发现：除了“豚草”是主题节点之外，第二句中的“农作物减产”和第三句中的“乳品质量变坏”的语义网络连接密度比较大。

当概念构型增加，出现连接密度和支配，语篇的主题思想就会被提取在思想获得阶段。不同语段的主题节点有同质性的要求，将不同语段的主题节点进行归纳就构成语篇的主题。把篇章第一段的三个语段的主题节点归纳，我们能得出这一段的主题，“豚草是疫情防控对象，对农作物和乳品都有害处”。

5.4 小结

语篇的产生和理解在于表达和获取知识，或者追求一个目标，语篇的使用是知识的提取、重置和储存的特殊情况。语篇的意义是从语篇表层向语篇底层的映射过程中，概念被激活，建立了概念－关系结构所形的语篇的语义网络。在语篇交际事件中，语篇表层的句法和句间的其他语法手段提供了一个表层组织结构，限制关于语篇底层概念和关系结构的假设。语篇的表层和底层存在互动。语篇世界不仅包括表层语篇表达式的意义，还有认知过程提供的共有知识，以及推理、激活扩散等认知操作对语篇意义的扩展和连接。根据语义网络中的连接密度和支配，我们可以提取语段的主题，进而通过将不同语段的主题节点进行归纳构成语篇的主题。

参考文献

[1] Beaugrande, de R. Text, Discourse and Process – Toward a Multidisciplinary Science of Text[M]. London: Longman, 1980.

[2] Beaugrande, de R. & Dressler, W. Introduction to Text Linguistics. Longman, 1981.

[3] Beaugrande, de R. Text Linguistics [A]. In Van Dijk, T. A. (ed.) Handbook of Discourse Analysis, Vol. 1 [C]. London: Academic Press, 1985.

[4] Brown, G. and G. Yule. Discourse Analysis [M]. Cambridge University Press, 1983.

[5] Collins, Alan M. and M. Ross Quillian. Retrieval time form semantic memory [J]. Journal of Vrebal Learning and verbal Behaviour1969(8): 240 – 8.

[6] Halliday & Hasan. Language, Context and Text: Aspects of Language in a Social – Semiotic Perspective [M]. Oxford: Oxford University Press, 1985.

[7] Halliday & Hasan. Cohesion in English [M]. London: Longman, 1976.

[8] Jackendoff, Ray. Semantic Structures[M]. Cambridge, MA: MIT Press, 1990.

[9] Johnson – Laird, PN. How in Meaning Mentally Represented

[C]. In Patrizia Violi (ed.) Meaning and Mental Representation [C]. Indianapolis: Indiana University Press, 1988. 115.

[10] 陈忠华刘心全杨春苑. 知识与语篇理解 [M]. 北京: 外语教学与研究出版社, 2004.

[11] 刘伟伟. 人工智能的语义学基础科学技术哲学研究 [J]. 科学技术哲学研究 2015 (3): 27 - 33.

[12] 王甦, 汪安圣. 认知心理学 [M]. 北京: 北京大学出版社, 1992.

[13] 王振华. 语篇语义的研究路径——一个范式、两个脉络、三种功能、四种语义、五个视角 [J]. 中国外语, 2009 (6): 26 - 39.

[14] 徐天任, 夏幼明, 甘健侯等. 用语义网络语言描述知识的表示 [J]. 云南师范大学学报 2003 (5): 9 - 14.

[15] 周国辉, 吴晓燕. 语篇世界的建构与认知操作 [J]. 外语与外语教学, 2004 (8): 8 - 11.

第六章

话语连贯关系语料库的标注

随着自然语言处理技术的不断发展，计算机对语言的理解日益精确，但汉语方面的语义识别尚有很大发展空间，汉语语篇连贯关系种类繁多，无显性标记的连贯关系占语篇的大部分，给计算机识别造成困扰。本章试图对汉语语篇连贯关系的语料库建设进行研究，为自然语言处理解决一定的实际问题。为此，本章首先对连贯关系和语料库建设进行了综述性研究，继而为建立汉语语篇连贯关系语料库制选取语料，制定标注规则，为该库构建做好准备。

6.1 连贯关系研究综述

6.1.1 相关研究

自20世纪50年代以来，国内外的专家学者们对篇章语言学的研究不断深入，其中的语篇连贯关系作为语篇的重要特征引起了学界的重点关注。语篇的连贯关系体现在语言研究的各个层面，这也体现了对语篇连贯关系研究的学术理论价值和实践应用价值。正因如此，各国学者在语篇连贯关系的研究上花费了很多的时间和精力，但由于学者们不同的研究背景及论证角度等因素的影响，研究的现状也各有区别。为了能够深入研究这些问题，也为了进一步厘清篇章连贯关系相关研究的特点和趋势，有必要对国内外篇章连贯关系的研究进展进行系统梳理和分析，以便为进一步深入研究相关问题提供参考。

6.1.1.1 语篇连贯概念的理论阐释

连贯是篇章分析的重要特征，不少学者将篇章研究聚焦在语篇连贯关系上。韩礼德和哈桑（1976）在《英语的衔接》一书中对连贯的研究为篇章连贯研究奠定基础。早期我国关于连贯概念的研究也是以西方的语篇连贯理论为基础且多是从衔接与连贯的关系角度入手来对语篇的浅层关系进行中西对比研究。

国外语篇连贯的研究已有几十年，主要是从宏观结构上来研究语篇连贯，主要有韩礼德和哈桑（1976）的“语域加衔接理论”、vanDijk（1977）的“宏观结构理论”、Widdowson（1978）的“言外行为理论”。在早期语篇连贯研究领域三大理论的基础上，语篇连贯研究发展迅速。到上世纪末，西方语篇连贯进入了发展的蓬勃时期。这一时期，有学者从词汇的链接角度来探究连贯概念。比如Rehart（1980）研究了连贯的条件，即连接、一致、关联。Eggins（1994）将连贯分为“语境连贯”和“语类连贯”。韩礼德和哈桑

(1976)、vanDijk(1977)等还从社会语言学角度分析了语篇连贯的社会性，语篇连贯的社会视角具有一定的创新性。同时 Mann & Thompson(1988)还从系统功能学角度研究语篇连贯，提出了“修辞结构理论”。该理论认为语篇的连贯表现在语篇功能上的统一，把语篇构成细分为不同层次的功能模块。Danes(1974)主张从主位结构来研究语篇连贯，认为语篇主位推进的连续性是语篇连贯的表现形式，即为著名的“主位推进理论”。这一时期的语篇连贯研究有发展和创新之处，但也由于学者们对语篇连贯概念认识的局限性，仍然未能全面地分析语篇连贯本质特征。

进入 21 世纪后，西方关于语篇连贯研究的步伐并未停止。同时随着语言跨学科的融合和系统功能语言学的发展，语言学家们对语篇连贯的研究角度更加宽广。比如 Jacob(2001)、Jaszczolt(2002)。Jaszczolt(2002)从系统功能语言学角度研究语篇连贯，从信息结构角度来分析语篇。Jacob(2001)从语境角度对语篇连贯与衔接的关系进行了进一步论证。这一时期的研究，对上世纪的语篇连贯研究进行了改良和发展。

关于连贯的研究，我国学者起步晚于西方，期初的研究主要是对西方已有的理论进行介绍、研究和讨论。经过一段时间的研究后，国内学者开始补充和发表自己的观点。对于西方一些关于篇章连贯关系的理论，国内学者们有认同也有不同的观点，有的学者在西方已有研究的基础之上建立起了自己的研究模式。其中胡壮麟于 1994 年编写了《语篇的衔接与连贯》，书中指出“衔接所实现的是语言表层形式和陈述之间的关系，而连贯指的是交际行为之间的统一关系”。

魏在江、苗兴伟、朱永生等人也从语用角度对连贯进行了探讨。魏在江（2005）运用语言顺应理论，从语用的角度探讨了语篇作者或发话者的元语言认知对语篇连贯的作用，提出连贯分为形式连贯和意义连贯，可以被看作是心理认知现象，也可以将语篇连贯作为一种语用现象和语用策略来看待。

杜世洪（2011）从语言哲学角度来研究连贯概念，他认为“连贯问题其实是一个语言哲学问题；连贯不是规则性概念而是规范性概念”。他认为衔接与连贯要区分明确，从不同的角度来研究，不可混为一谈。他认为衔接是语篇中既定的、固有的，而连贯较为灵活，是在语篇中构建出来的。这一思想打开了篇章连贯关系研究的新思路。

当下，计算机对语言的处理是计算机学科和语言学学科共同关注的领域，即自然语言处理领域。该领域也涉及语篇连贯研究。我国已有一些学者对此进行了研究，如李佐文等（2018）分析了语篇连贯的可计算性，提出连贯性是自然语篇的一种可分析的属性，连贯语篇的表层特征是分析语篇可计算性的依据，计算机对语篇连贯关系的识别和处理决定了语篇连贯的可计算性。梁国杰（2016）提出应建立一套合理的连贯关系集，用于语篇连贯关系的计算。他在Halliday、Hobbs、Mann & Thompson、吴为章、邢福义、乐明等人的修辞关系的基础上提出了一套汉语记叙文语篇连贯关系集，整体三十多种关系中的15种为新型语篇连贯关系类型。

国内外语篇连贯研究处于上升期，自然语言处理领域和语言学领域对语篇连贯的研究会越来越丰富多元化。

6.1.1.2　语篇连贯关系分类体系概述

国内外很多学者都对语篇中的关系进行过研究。语篇的总体结构是由邻近的语篇片段结合在一起。当前学者们所提出来的连贯关系分类体系种类繁多、各有侧重。在连贯关系分类中较为常见的分类体系有：Halliday & Hasan（1976）的语篇连接关系集、Hobbs（1985）连贯关系集、Wolf & Gibson（2005）的连贯关系集、Mann & Thompson（1988）的修辞关系集、邢福义（2001）提出的汉语复句关系集。

Halliday & Hasan（1976）分出了四类连贯关系，即 Additive（添加关系）、Adversative（转折关系）、Causal（因果关系）和 Temporal（时间关系），这四类关系之下有 50 种左右具体关系。例如，添加关系包括简单添加、强调性复合添加、同位和比较四种类别；转折关系包括狭义转折、对比、纠正、驳回（广义转折）；因果关系包括一般因果、逆向因果、条件、个别等；时间关系包括简单时间关系、复合时间关系、内部时间关系和当下时间关系等。

Hobbs（1985）将连贯关系分为 Occasion（时机关系）、Evaluation（评价关系）、Background and Explanation（背景及解释关系）、Expansion（扩展关系）四个大类，大类之下的具体关系有 Cause（致使关系）、Explanation（解释关系）、Background（背景关系）、Elaboration（详述关系）、Exemplification（例示关系）、Parallel（平行关系）、Contrast（对比关系）和 Violated Expectation（反预期关系）。

Wolf & Gibson（2005）在 Hobbs 区分出 11 种连贯关系：Temporal Sequence（时间序列关系）、Cause - effect（因果关系）、Condition（条件关系）、Elaboration（详述关系）、Example（例证关系）、Generalization（概括关系）、Similarity（相似关系）、Contrast（对比关系）、Violated Expectation（反预期关系）、Attribution（归属关系）和 Same（同一关系）。

Mann & Thompson（1988）研究了修辞关系，对其进行了分类。提出 24 种修辞关系并归入三类，即：Subject Matter Relations（主题性关系）、Presentational Relations（表述性关系）、Other Relations（其他关系）。第一类包括 Elaboration（详述关系）、Circumstance（环境关系）、Solutionhood（解决关系）、Volitional Cause（意愿性原因关系）、Volitional Result（意愿性结果关系）、Non - Volitional Cause（非意愿性原因关系）、Non - Volitional Result（非意愿性结果关系）、Purpose（目的关系）、Condition（条件关系）等。第二类包括 Motivation（动机关系）、Antithesis（对照关系）、Background（背景关系）、Enablement（使能关系）、Evidence（证据关系）、Justify（证明关系）、Concession（让步关系）。第三类包括 Comparison（比较关系）、Presentational Sequence（表述序列关系）、Disjunction（析取关系）、Means（方式关系）、Joint（联合关系）。

邢福义（2001）以汉语语篇为研究对象，提出因果、并列、转折 3 类复句及 12 种汉语复句关系，包括：条件关系、目的关系、因果关系、选择关系、并列关系、推断关系、转折关系、连贯关系、假设关系、假转关系、递进关系和让步关系。

由此可见，连贯关系的分类并没有统一定论，不能简单的认为哪种分类方法优于哪种。目前对英语语篇中的连贯关系研究较多，但其研究结果不可直接平移至汉语语篇的研究。汉语语篇中连贯关系复杂，不具备连贯关系词的现象很多，因此针对汉语语料的研究仍需探索。

6.1.2　本章使用的连贯关系集

汉语语篇中的连贯关系种类很多，有带有连贯关系词的，更多的是不带的。从前面的研究综述中可以看出，在做出细致区分的情况下，连贯关系能够分出几十种。人们在确定各类关系时有一定的困难，想要对连贯关系进行标注并形成语料，需要标注者进行反复练习、核对、更正才有可能做出一致性标记。有很多句子可以加上不同的连贯关系词，从而表达不同的连贯关系。例如，“张玲病没好”和“张玲没上班”两个句子。可以加上“因为……所以”呈现因果关系，也可以加上“如果……就”呈现条件关系。人们对于连贯关系的确定直接影响计算机的处理。只要当人能够明确连贯关系，给出合理分类、进行合理标注，给计算机以清晰、足量的语料，计算机才能进行学习，从而逐步进行识别和分类。让计算机识别连贯关系的前提是有合理、清晰的分类，因此在研究初期，尽量选择颗粒度较大且清晰的类别让计算机进行学习。待计算机具备相关能力后，可以对分类种类进行细化，逐步输送给计算机，让计算机按照滚雪球的方式积累越来越多的经验，逐步满足人提出的要求。

本章的标注工作基于以下连贯关系集：

（1）时间关系

时间关系是语篇中的两部分具有先后的时间顺序，连贯关系词主要包括“首先”“其次”“接下来”“然后”“第一”“第二”“最后”等。没有连贯关系词的情况下，具备时间关系的两部分成分之间通常具有时间上的先后性，按照常识可进行推理，得出连贯关系。如：“他躺在床上，看到闪电，听到雷声。”“看到闪电”与“听到雷声”之间可以被判定为时间顺序，因为通常闪电之后会有打雷的现象出现。

（2）因果关系

因果关系包括原因关系和结果关系，具备因果关系的两部分中，后者是前者发生的原因就是原因关系，后者是前者发生的结果就是结果关系。连贯关系词主要包括“因为……所以”“结果是”“原因是”“归因于”等。没有连贯关系词的情况下，主要通过两部分之间的逻辑关系进行推理，例如“他渴了”和“他喝水”之间的连贯关系比较容易推理为因果关系。

（3）转移关系

转移是指语篇中的两部分叙述的主题或者次主题发生变化，表示转移关系的连贯关系词常具有一定的管辖范围，例如“至于……”“提起……”“说到……”，此类连接词预示着下文会有一定的表达，且可能是与前文略有不同的主题。转移关系在很多情况下是没有连贯关系词的，这样的情况需要依靠对前后文内容的理解来进行判定。计算机在进行识别时需要先计算出前后文的主题，通过对比进行判定，有一定的难度。

（4）条件关系

条件关系是指语篇中具备连贯关系的两部分中一方是另一方的构成条件。连贯关系词包括“如果……就”“假如……”“……的话”“无论……都”等。在没有连贯关系词的情况下通过分析两部分之间是否存在依存关系来进行判定。

（5）比较关系

比较关系主要有两种，一是同等比较，二是异类比较。前者表达具备比较关系的二者之间具有相似性，可以由“类似”“如同”等连贯关系词来表达；后者表达二者之间的差异性，可以由“却”“不同于”等连贯关系词来表达。在没有连贯关系词的情况下，比较关系可能会由一致的句式来表达。

（6）平行关系

具备平行关系的两部分处于同等地位，表达一致或相反的观点，因此，平行关系可以分为并列关系和转折关系。连贯关系词包括“一”“二”“三”“一方面……另一方面……”“但是”“然而”等。没有连贯关系词的情况下依靠两部分的内容进行判定。

（7）扩展关系

扩展关系种类很多，如问答、引用、让步、解释、详述、目的、总结、重复等。语篇中具备扩展关系的两部分中，通常后者是前者的补充、细化陈述或总结性陈述。表达扩展关系的连贯关系词不多，包括“意味着”“总之”等。此类关系在真实语篇中多为无连贯关系词的表达，依靠内容进行判定。

6.2 语料库建设研究综述

6.2.1 语料、语料库与语料库语言学

语料包括口语语料和书面语语料，它在现实生活中存在，是自然发生的语言的集合。语料库是存放语料的仓库，在存放过程中将语料合理化科学分类，以便在使用中迅速寻找并用于某一目的。语料搜集并形成后以文字形式进行存放，随着计算机处理技术的发展，当下语料多以电子文本的形式存放，便于人们查找、使用。越来越多的语料被科学、合理的存储下来用于语言学研究。

19 世纪到 20 世纪早期，儿童语言学的研究主要来源于父母关注孩子话语发展的一些原始语料，乃至今天，这些原始语料仍是儿童语言学研究重要来源之一。在美国，结构主义语言学家 E. Sapir 和 F. Baos 等人推崇获取语料自然性和语料分析的客观性，都用语料库手段进行研究。研究包括语言习得、方言研究和音系研究。语言习得是运用语料研究方法的领域，起步比较早，运用比较普遍。19 世纪 70 年代，第一个儿童语言习得热潮在欧洲兴起，研究都基于父母记载孩子语言成长发展的日常记录，多数以成长日记形式出现。这些记录是儿童语言习得研究的原始资料，是 W. Preyer 和

W. Stern 等人的理论假说的依据，在当今仍有很多学者进行语料研究。20 世纪 30 年代后，很多关于儿童语言成长的发展模式，被很多语言学家和心理语言学家持续关注，这些模式都是以儿童自然话语资料研究分析为基础。19 世纪，方言学研究起步于历史比较语言学，初期，研究者为了制作方言地图，使用笔记本、录音机进行记录，语料库语言学发展和推广了这种方法。音系研究来源于美国结构主义语言学，代表人物有 F. Boas 和 E. Sapir 等人，推崇获取语料自然性和语料分析的客观性，强调语料获取的“野外工作”，这些都被语料语言学深入研究和发展。

乔姆斯基一系列论著发表之后，理性主义研究方法在语言学界占据了主导地位，语料研究方法一度受到质疑。乔姆斯基认为外在化的话语汇集就是语料的本质，在语料研究基础上得来的经验模式，只是对语言能力的部分解释。从这角度来看，语料并不能保证语言学家的语言研究工作更加顺利。此外，英文语料中句子的构成具有无限性，因此，语料永远不可能完整。以乔姆斯基为首的转换生成语法学派的各种批评从根本上改变了 20 世纪 50 年代结构主义语言学的研究方向。且受到当时技术手段的限制，在很长一段时间内语料库的研究方法发展相对停滞。

尽管当时语料研究并不普遍，但也不是完全搁浅。1959 年，R. Quirk 开始建立“英语用法”语库（Survey of English Usage）。该项目为了收集各式各样的语料作为英国英语口语和书面语进行有序描述的基础。语言学家和计算机专家 N. Francis 和 H. Kucera 于 1961 年一起建立当今最早的机读语料库——布朗语库（Brown Corpus），这两个语料库开创了现代语料库语言学的先河。1975 年，J. Svartvik 等语言学家聚集到瑞典隆德大学，通过对 R. Quirk 语料的口语部分进行韵律标注，终于实现机读，建成了伦敦 - 隆德语料库（London-Lund Corpus）。对此，G. Leech（1991）认为“作为英语口语研究的语料源，它至今仍无与伦比。”这些项目深入推进，对 80 年代语料库语言学的复兴打下了坚实基础。

20 世纪 80 年代后，语料库语言学的发展一日千里、空前繁盛。伯明翰英语语料库作为代表的大批语料库相继出现，这些语料库基于不同的研究目的，有着不同的设计和规模，但是纷纷采用了较为先进的光电符号识别技术，将语料编码和编辑从手动录入繁琐中解放出来，极大地增加了语料标注处理的效率，促进了语料分析和利用最大化，学界盛赞为“第二代语料库”。随后各类语料库开始建成，出现了各种语言的语料库，随着大批语料库的建成，基于语料的各种研究迅速展开。

我国第一个语料库是 20 世纪 80 年代杨惠中教授建成的科技英语语料库（JDEST），后于 1997 年进行了扩充，随后基于语料的研究成为语言研究的热点，语料库也开始增多，如广州石油英语语料库（Guangzhou Petroleum English Corpus）、中国英语学习者语料库（CLEC），广州外语外贸大学与香港科技大学合作编制了含 500 万词的科技英语语料库、北京大学中国语言研究中心的现代汉语语料库（CCL）、国家语委语料库、《人民日报》标注语料库以及各类专用型语料库、中介语语料库、语音语料库、古汉语语料库等。

各类语料库的建成和扩充为语言研究提供了大量可靠的研究对

象，为语言特征的研究奠定了基础，为语义研究、社会语言学研究、语用学研究、语篇分析、文体分析、心理语言学、语言教学等方面提供了资料。

本章重点在篇章连贯关系，相关语料中比较广为人知的包括修辞结构理论篇章树库（RSTDT）、宾州树库（PDTB）和哈工大汉语篇章树库（HIT - CDTB）。RSTDT 语料含有 78 种篇章修辞关系，按照各种修辞关系间的近似程度，区分为 18 种类别；按照附加核状态信息（NS、SN、NN）分为 41 种差异的关系。2008 年，语言数据联盟发布关于篇章关系标注的语料资源——宾州树库（PDTB），这一语料库涵盖了美国《华尔街日报》中 2500 篇文章，标注出 40600 个篇章关系例子，成为目前世界篇章分析领域最大规模的语言学资源。PDTB 多对照命题库中的“谓词、论元”结构，对文本中的“连接词、论元”结构进行标记。论元是由连接词衔接两个片段，经连接词引导的论元被标记为 Arg2，另外一个论元被标记为 Arg1，二者统称论元对。在标注过程中，做好论元边界划分，针对显式实例（即“包含连接词”），需要区别连接词的关系属性，确定论元篇章关系类型；针对隐式实例（即“不包含连接词”），先需要判断论元对的篇章关系，再明确论元篇章关系的连接词。

但是，中英文语言系统差异较大，连贯关系分类标准不一致，汉语语料的收集和研究无法直接套用英语语料库的相关研究方法。针对这一些问题，2013 年，哈尔滨工业大学对此进行深入的研究，并发布了中文篇章关系语料资源 HIT - CDTB，成为目前国内首次发布的篇章分析领域大规模的语言学资源。HIT - CDTB 以关联词

(连接词) 为核心，对篇章语义关系进行标注。引入了篇章背景知识概念来研究中文篇章语义关系，做出标注并进行了实验和对比。在现有自然语义处理技术条件下，对中文篇章关系的内部结构及其表达的语义信息进行了研究，为应用系统性能的改善提供了研究基础。三者的对比如下：

表 6-1　三大连贯关系库对比

资源名称	RSTDT	PDTB	HIT-CDTB
语言种类	英文	英文	中文
发布机构	美国南加州大学	美国宾夕法尼亚大学	哈尔滨工业大学
语料来源	PTB 美国华尔街日报新闻报道	PTB	OntoNotes 语料库的中文文档
规　模		比 RSTDT 语料规模更大	
标注对象	修辞结构关系	以连接词为核心	凸显连接词的重要性
关系体系	18 种	①显式关系 ②隐式关系 ③表达冗余的篇章关系 ④不可推导篇章关系且后一论元扩充前一论元实体信息 ⑤不存在篇章关系且无论元间的实体一致性	①显式 ②隐式

6.2.2 语料库建设

语料库的建设可以由计划、语料库设计、语料选择、建立语料库和任务标注五个步骤来完成。首先是对语料库的整体建设计划，要明确建设语料库的意图，根据该意图来决定语料库所需语料的类型、规模大小等。语料库设计完成后要选择语料，语料要真实，尽量选择有代表性的语料，对于有某种明确意图的语料库建设，要注意选择语料的一致性。例如，当需要建立议论文相关研究的语料库时，语料都选择议论文，最好能选择最符合建库要求的同等水平的语料。此外，语料的时效性也很重要，若要研究唐代某种文体就要选择当时的文学作品或有记录的语言材料。除了特殊时期特殊目的的语料库之外，有些语料库中的语料需要不断更新语料，使语料适合社会发展。语料选择之后便进入语料标注阶段。这一阶段的工作相对烦琐但很重要，只有标注过的语料才能适合于某种意图。语料标注包括分词、做出特殊标记等。目前分词可以由计算机自动完成，但有目的的特殊标记最初多是需要人工进行，当达到一定的量时才能让计算机进行学习，尝试自动标注。人工标注主要有两个问题，一是需要大量人力和时间。语料库所需要的语料通常量非常大，需要标注的特征通常也不止一个，因此需要的时间长，人力多。第二个问题是标注一致性的问题。标注人员超过一人的情况下就需要控制标注的一致性。标注的一致性需要标注人员多次、反复的培训、练习和测试才能达到一致。语料库通常属于大型数据库，合理的设计和科学标注的语料可以为很多语言研究提供语言数据。在标注初始阶段应设计好用于标注的各类标记，以免后期因返工而增加工作量。标注标记应清晰、易懂，便于人们识别和使用。大型语料库建立时可以先建立典型语料的语料库，待建库人员经验丰富后逐步扩充语料，以避免初期大范围建库可能会带来的返工问题。汉语在语义和语用上有一定的特殊性，建立以汉语为语料的语料库时需要充分考虑这些特殊因素，做好编码工作，从而确保建库工作的顺利进行。

6.3 语料标注方式与标准

语言分析的关键是抓住语言特征，从中寻找规律，而标注就是给语言特征做出标记，以便人们使用和计算机识别与提取。Pustejovsky（2006）指出语言模型的建立是一个循环的过程。首先是根据目的建立模型，然后进行语料标注，再将标注好的语料大部分用于训练，少部分用于测试，根据测试结果进行评价以发现模型与标注中的问题，然后进行修改或调整。这一过程是循环进行的，修改或调整后的模型再次重复标注、训练、测试、评价等过程，直至模型符合要求，能够获取理想数据。

6.3.1 确定标注任务

建立语言模型的首要任务是确定标注的目标，明确对什么语料的哪些信息进行标注。建模的负责人要向标注人员或计算机进行详细而全面的陈述，使其明确标注任务。标注任务确立时要考虑任务的复杂程度和提供的信息量，尽量使二者达到最佳结合点，即在标注任务尽量简化的基础上提供尽量多的信息。过于复杂的标注任务会增加工作难度、影响工作速度，若经过长时间烦琐的工作后并没有收获理想的数据，会造成人力和时间的浪费。但若因一味追求工作的简易化而未能收获理想的数据则亦是一种浪费。因此，在设计模型和标注任务时，要在确定所需信息的基础上，尽量简化标注任务，以做到事半功倍。标注任务的统一性与语料的选择相关，语料越一致，标注一致的可能性越大。

6.3.2 建立模型

建立模型就是描述任务，描述与标注任务相关的定义或术语。标注会使语料体现出一些信息，模型就是对这些信息的抽象解释，而标注说明可以将抽象的解释转化为某种标签或特征，用于语料库。使用模型有两种，一是使用既有的、带有规则说明的模型，二是自己创建新的模型，自己写出规则说明。近年来，语言学标注项目越来越多，一套可以适用于广泛层面的语言学标注的语言学标注框架（Linguistic Annotation Framework，LAF）正在建立。这个框架注重语言数据的结构，不关注其内容。它是基于 XML 的“转储格式”，鼓励标注者以任何方式进行标注，只要可以转换成为该格式即可。根据 LAF，标注与其语篇是分离状态，且与来自语篇的字符或元素偏移量相关；不同层次的标注内容存储在不同的独立空间内；表示层次的标注内容可以以嵌入的方式表示在转储格式中，也可以以表示关系的扁平结构来表示；如需合并标注，转储格式要能够用兼容 XML 的方式将重叠的标注合并在一起。（IDE and Romary, 2006）

6.3.3 标注标准

标注标准是要让标注者在了解做什么的基础上学习怎么做。标注分为元数据标注、文本范围标注和链接范围标注。元数据标注可以采用单标签标注和多标签标注。单标签标注可以用于类似对于某条新闻的评论中，标注者将评论分类，如积极、消极和中性等，建立相应的区别性文件夹，将各个类别放入不同的文件夹中，可以将带有评论信息的标注与带有评论内容的文件合并起来。当标注任务复杂，如某条信息需要多个标签才能完成描述时，可以采用多标签标注的形式。当任务变得复杂时，标签多时，可以根据实际情况调整标注的规则，适当增添或减少规则说明，以便于完成标注工作。标注方式分为内嵌式和分离式两种。前者是指在文本中用标签在需要被标注的内容周围进行标示，这种方式无须说明标签的位置及其管辖范围，但是改变了被标注文本的原有格式，不易于理解，也不易于与其他标注合并。分离式标注是在文本中标记出位置，给定编号，根据编号进行标注，不影响被标注文本的原有格式。本章的标注任务主要是句子连贯关系的标注，采用分离式标注方式，标注时首行给出待标注文本，可以选用自动分词系统分过词的文本，便于机器理解。将带有编号的文本放入下一行，如果有表示连贯关系的连接词，可以在第三行列出。

6.3.4　标注过程

在这个环节中，要做的是列出标注手册，培训标注工作者，进行语料标注，标注好后要检查标注的统一性，统一性达到要求则可以进行下一步，若统一性不理想，可以循环这一过程，即修改标注手册或重新建立模型，重新培训标注工作者，重新标注，直至统一性达到要求，方可进入下一步。

标注手册是标注说明在数据上的应用，它能告诉标注工作者如何将标注规则说明用于数据，即告诉标注者如何标注。语料要被分为训练集和测试集两部分，前者大概占比 90%，后者约占比 10%。标注手册应写清楚标注的目标，标签的名称，标注的位置和层次，给出例文等。

标注者要对标注任务和标注手册有明确的认识。提前训练标注者是必要的。为了标注的一致性，应将每份语料进行至少两次标注。给标注者足够的时间熟悉待标注语料、标注任务和手册。标注者可以首先考虑从语言学专业或计算机专业的学生寻找，前者熟悉语言知识，后者了解标注工作。由于标注工作量大，通常不能由一人完成，但人多了就会出现一致性的问题。判定标注结果的一致性通常使用 Kappa 系数，这一算法可以用来计算两个人或者三个和三个以上标注人员标注的一致性。

根据标注一致性对标注手册进行调整，将数据集调整至标准状态即可用于训练和测试。审核语料库需要花费一定的时间，可以分步骤进行，首先将标签按一定标准分类，如按照不同连贯关系进行分类，或按照标注的不同层次进行分类等。接下来对语料库进行审核。标注者标注的结果一致也不一定就说明结果是完全正确的，除非标注者水平较高且整齐划一，所以我们还是要通过上述的 Kappa 值来进行一致性计算。

6.3.5 训练语料

训练语料就是让计算机学习标注过的语料，抽取其中的特征，然后自动对文本进行标注，这样可以加速自然语言处理的进程，减少人工标注的工作量。机器学习首先要做的是认清学习目标，通过模型和标注可以更好地认清这一点。然后做好标示准备，即找出标记形式。接下来选择一种算法来进行学习。目前可以用于语料库标注任务中的学习方式有决策树、朴素贝叶斯、支持向量机、互信息法和 K 最近邻（基于记忆的学习方法）等方法。一般通过抽取标注特征、寻找最佳拟合决策边界等方式来完成学习。对于分类和角色标注性质的学习，机器通常采用隐马尔可夫模型、最大熵马尔可夫模型和条件随机域等方式来进行学习。

6.3.6 语料测试

在训练语料后，我们进入了测试阶段。测试是为了证明前期所做工作，尤其是算法合理性的重要环节。测试过程要严格记录，根据测试结果对前期方案做出修订。无论前期的算法多么理想，也必须是经过实际测试才会有意义。测试过程中从训练到评价也是一个循环过程，首先要开发训练集，然后开发测试集，再评价测试结果，如果评价不理想则返回第一步，如果评价理想则进入下一步，即最后的测试，最后是根据测试结果对算法进行修改。（James Pustejousky，Amber Stubbs，2017：157）

6.3.7 修改

建模循环过程中的最后一个环节是修改，就是根据前面的研究进行全面调整，包括语料库的修改、标注模型和标注手册的修改、标注手册和标注工作者要求的调整、训练等方面的调整。首先，检查对于标注任务来说，目前选用的语料库是否仍具有代表性，因为随着标注工作的一步步进行，语料训练与测试后，每个环节都有可能做出一定的变动，语料中可能会有新的特征可以纳入机器学习的范围内。可以通过分析标注的标签来决定哪些需要重点研究哪些由于过少而可以进行删减。在标注的过程中发现的特殊情况都要记录下来，可以在后期的标注工作中添加或者调整类项。

6.3.8 本研究的标注手册

本章选取50篇论证体新闻语篇作为语料进行标注，将文中的连贯关系一一做出标记，连贯关系已在前文有详细论述，本次标注只标记一级关系，希望能够为建立大范围连贯关系语料库奠定基础。

根据上述标注规范的描述，本章的标注任务及规则可做出如下总结。篇章连贯关系标注任务的概念界定为：篇章关系是粗颗粒度的连贯关系，不局限于词与词之间的连贯关系，而是包括小句间，句子间和段落之间的连贯关系。篇章连贯关系的确定能够帮助计算机更好地理解语篇，从而达到自动识别的效果。前文已将连贯关系进行了详细描述，此处不再赘述。本章主要标注小句间，句子间和段落之间三个层面的时间关系、因果关系、条件关系、并列关系、转移关系、比较关系和扩展关系七种连贯关系。标注的终极目标是识别出一篇文章中的篇章连贯关系。本标注任务主要是相邻单位之间的连贯关系，具体标注任务包括：句内（小句间）关系的标注、句群间（段落内）的关系标注和段落间的关系标注。

本章中的标注任务采取如下基本原则：

（1）篇章关系多样化，某种关系中可以有次类别，如阐释关系中可以包括细化解释、泛化解释、深入解释。

（2）可以有关联词（显式连贯关系），可以无关联词（隐式连贯关系）。

（3）连贯关系可以有多种形式，如：关联词（但是、因此等）、关系标记词（一、二、一方面、另一方面等）、启后语（在……领域内）、词共现（上下义词、同义关系词、反义关系词等）、百科知识（如相关事件的背景知识等）。

（4）不清晰的关系类型可以不细分至底层，用其上层关系标示即可。

（5）连贯关系不限于相邻语句，可以跨句，跨段落。

（6）标注分为三个层次，即小句间，句子间和段落间。三个层次分别做出标记，让读者清楚地知道标注的标签属于哪个层面上的。

（7）标注的标签适用于语料中的整篇文档。

（8）连贯关系标记过程中会遇到有关联词和关联词缺省两种情况，前者直接对关联词进行标记并注明连贯关系；后者可将表示关系的相关词汇或概念进行标记并注明连贯关系。关联词分为连词与非连词。连词指可以单独使用的明确标示连贯关系的词：如由于、但是、而且等。连词可以在句中、句首或句末。非连词指动词、名词等，如指出、看见、想到等一些具有管辖约束或承上启下能力的词，非连词在句中的位置通常是句首或句末。

本章在整理连贯关系及语料库建设相关材料的基础上，提出建立汉语语篇连贯关系语料库，叙述了语料标注的相关规则，为语料库建设做好准备。

参考文献

[1] Chomsky, N. *Snytactic Structures*. The Hague: Mouton, 1957.

[2] Chomsky, N. *Aspects of the Theory of Syntax*. Cambridge, MA: MIT Press, 1965.

[3] Daneš, F. Functional sentence perspective and the organization of the text [A]. In F. Daneš. (ed.). *Paperson Functional Sentence Perspective* C]. Prague: Academia, 1974: 106 – 128.

[4] Eggins, S. *An Introduction to Functional Systemic Linguistics*. London: Pinter Publishers, 1994.

[5] Halliday, M. A. K. & Hasan, R. *Cohesion in English*. London: Longman, 1976.

[6] Halliday, M. A. K. An Introduction to Functional Grammar[M]. Baltimore, MD: Edward Arnold, 1994.

[7] Hobbs, J. R. *On the Coherence and Structure of Discourse*. Report No. CSLI – 85 – 37. Stanford, CA: Center for the Study of Language and Information (CSLI), 1985

[8] Ide, Nancy, and Laurent Romary. *Representing Linguistic Corpora and Their Annotations*. In Proceedings of the Sth Language Resources and Evaluation Conference(LREC), Genoa, Italy. 2006.

[9] Jacob, M. Pragmatics: *An Introduction*. Blackwell PublisherLtd, 2001.

[10] Jaszczolt, K. M. *Semantics and Pragmatics: Meaning in Language and Discourse.* Pearson Education Limited, 2002.

[11] Landis, J. R. and G. Koch. "*The measurement of observer agreement for categorical data.*" Biometrics, 1977, 33(1): 159 – 174

[12] Mann, W. C. & Thompson, S. Rhetorical Structure Theory: *A theory of Text Organization.* ISIRrprint Series, 1988(18): 243 – 281

[13] Pustejovsky, James. *Unifying Linguistic Annotations: A TimeML Case Study.* In Proceedings of the Text, Speech, and Dialogue Conference. 2006.

[14] Reihart, T. *Conditions for Text Coherence.* Poetics Today, 1980 (1).

[15] van Dijk, T. A. *Text and Context: Explorations in the Pragmatics of Discourse.* London&New York: Longman, 1977.

[16] van Dijk, T. A (ed.) *Discourse in Social Interaction* [A]. *Discourse Studies: A Multidisciplinary Introduction* [C]. London: Sage, 1997.

[17] Widdowson, H. C. *Teaching Language as Communication.* Ox – ford: OUP, 1978.

[18] Wilson, D. *Discourse, Coherence, and Relevance: A Reply to Rachel Giora.* Journal of Pragmatics, 1998(3)

[19] Wolf, F. & E. Gibson. *Representing discourse coherence: A corpus-based study.* Computational Linguistics, 2005(2). 249 – 287.

[20] 丁信善. 语料库语言学的发展及研究现状 [J]. 当代语

言学，1998（01）：5-13.

［21］杜世洪，卡明斯（美）．连贯是一个语言哲学问题——四十年连贯研究的反思．［J］．外国语（上海外国语大学学报）2011（4）：83-92.

［22］何中清，彭宣维．英语语料库研究综述：回顾、现状与展望［J］．外语教学，2011，32（01）：6-10，15.

［23］李佐文，李楠．新闻话语的可计算特征［J］．现代传播，2018（12）：41-45

［24］李佐文，梁国杰．论语篇连贯的可计算性［J］．外语研究，2018，35（02）：27-32

［25］李佐文，严玲．什么是计算话语学［J］．山东外语教学，2018（6）：24-37.

［26］梁国杰．面向计算的语篇连贯关系及其词汇标记型式研究［D］．中国传媒大学，2016.

［27］梁旭红．语料库语言学研究综述［J］．晋东南师范专科学校学报，2001（01）：72-74.

［28］孟嵘．我国语料库语言学研究现状及展望［J］．四川文理学院学报，2012，22（06）：92-96.

［29］苗兴伟．语篇的信息连贯［J］．外语教学，2003（2）：13-16.

［30］邱立坤，金澎，王萌译，JamesPustejousky，AmberStubbs著．面向机器学习的自然语言标注［M］．机械工业出版社，2017.

［31］申厚坤．语料库语言学及其应用［J］．哈尔滨学院学

报，2005（04）：118－122.

［32］宋红波，王雪利．近十年国内语料库语言学研究综述［J］．山东外语教学，2013，34（03）：41－47.

［33］谭晓平．近十年汉语语料库建设研究综述［C］．北京大学对外汉语教育学院．第七届北京地区对外汉语教学研究生论坛文集．北京大学对外汉语教育学院：北京大学对外汉语教育学院，2014：26－31.

［34］王建新．语料库语言学发展史上的几个重要阶段［J］．外语教学与研究，1998（04）：53－59.

［35］卫乃兴．语料库语言学的方法论及相关理念［J］．外语研究，2009（05）：36－42.

［36］魏在江．语篇连贯的元语用探析［J］．外语教学，2005（06）：19－24.

［37］邢福义．汉语复句研究［M］．北京：商务印书馆，2001.

［38］朱永生，苗兴伟．语用预设的语篇功能［J］．外国语（上海外国语大学学报），2000（03）：25－30.

第七章

DIPRE在连贯关系计算中的应用

目前，自然语言处理已经在词汇、句法和语义处理层面取得了一定成果，形成了一些较为成熟的理论模型和分析方法。但语篇层面的相关研究还处在起步阶段，很大程度上制约了自然语言处理的进一步发展和提升。本章试利用DIPRE算法对连贯关系的可计算性进行探讨，以期对语篇连贯计算的研究路径进行探索和展望。

7.1 研究背景

现阶段，尽管自然语言处理已取得巨大的进步和成就，但依然面临着很多困难，例如：知识很难融合。目前的知识建设、知识表示和知识推理仍处在较为初级的阶段，能解决的问题有限，人类拥有强大的百科知识的表征能力，但对于计算机而言很难建立起涵盖全部人类认知的知识库。另外，语篇世界是有一定的场景的，包括时间、地点、环境等，目前上下文处理和推理相对人类智能都还很初级，对人类而言不难理解的话语，对于计算机而言却无法理解。例如，甲说“快点走”；乙回答“才10分”。假设这一场景发生在8点10分，甲乙约定的到达某地的时间为8点20，这一场景很容易被人理解，但计算机却无法明白。换言之，人类可以很好地理解环境背景并且可以在交流的过程中学习到知识并灵活运用知识，计算机却很难做到。

目前，典型的语篇关系语料包括以下两种：基于RST理论的修辞结构理论树库（Rhetorical Structure Theory Discourse Treebank）和基于PDTB体系的宾州篇章树库（Penn Discourse Tree Bank），它们采用不同的关系类型体系和标注标准。已有的语料和标注理论主要关注英语，国内有学者在中文上已做了部分分析工作，不过鉴于中文本身的特点，以及与英语在语义、语义关系、时态等方面的差异，这些研究无法直接将英文关系类型体系平移到中文。因此，急需建设面向中文的语篇连贯关系类型体系，从而更好适应中文的问题。

DIPRE（Dual Iterative Pattern Relation Extraction）是Google创始人之一Sergey Brin针对抽取互联网上特定格式或类型的数据而提出的一种算法，用于自然语言处理中进行关系抽取。Google搜索引擎的成功把自然语言的处理推向了一个新的高度。不同层次结构关注的重点不同，处理方式不同。本章拟从连贯关系语料库的建设为任务，利用DIPRE算法计算连贯关系，从而对连贯关系实现范畴化，最终实现中文语篇连贯关系的自动识别。

7.2 连贯关系的可计算性

计算语言学是指“通过建立形式化的数学模型来分析、处理自然语言，并在计算机上用程序来实现分析和处理的过程，从而达到以机器来模拟人的全部或者部分语言能力的目的” （俞士汶，2003）。就是说可计算性（computability）是通过计算机来解决某一类实际问题，一个可计算的问题应该是可以在有限步骤内通过计算机来进行形式化的表征，从而解决这一问题。具体到语篇层面的可计算性，主要是以语言的表层形式特征为依据对自然语篇的意义进行处理和分析。语篇连贯关系的研究自20世纪60、70年代起经过近六十年的发展，国内外已形成几种影响力大、接受度高的理论模式。如 Van Dijk 的宏观结构理论（1977，1980），Halliday & Hasan 的《英语的衔接》（*Cohesion in English*，1976）中提出的衔接理论，Hobbs 的连贯关系理论（1978），以及 Mann & Thompson 在《修辞结构理论：一种文本组织的理论》（*Rhetorical Structure Theory*：*A Theory of Text Organization*，1985）一文中提出的修辞结构理论（Rhetorical Structure Theory，简称为 RST）。各家对连贯关系的理解和处理不尽相同，从不同层面对其进行了阐释。归根结底，在计算语言学的范畴下，连贯的可计算性取决于对语篇连贯关系的计算机识别和处理。

7.3 DIPRE 算法原理

DIPRE 算法的路径主要是：从已知的种子中抽取出模式，再用得到的模式去对未知文本提取信息，然后从提取的信息中抽取新的模式，再运用到新的文本处理中，如此循环往复，最终实现“滚雪球式”的信息扩增，是半监督关系提取中有代表性的一种方法。

确定要提取的关系后首要任务是给定一些种子。例如对文化市场进行调查，希望对国内院线票房上涨的因素进行综合梳理分析，基于网页新闻中的相关信息提取出票房涨势与其对应的上涨因素的关系。确定研究目标后，针对要研究的这组关系，首先给定一组种子：(影院设施不断完善，票房)。设施不断完善和票房满足所要提取的关系：由于各地区影院设施不断完善使得三线以下城市的票房大幅上涨。

在获得种子之后，接下来需确定要抽取信息的元组信息。这一步至关重要，主要是确定基于文本提取什么信息，是否可以提取出固定的模式。如无法提取出固定的模式，就不能提取到新的关系，即信息的自增模式不能继续进行。具体而言，事先确定好元组信息能够使处理过程以固定的模式进行，从而降低计算的复杂度；事先不对元组信息进行规定，也可以采用其他方法对包含种子的文本信息进行模式挖掘，获取种子信息的关系模式。两种方法各有利弊。第一种方法要求专家知识的介入，明确相关要素的关系特征，第二种不需要专家知识的介入，但复杂度较高，预期值也相应较低。本书采用第一种方法，即先人工确定元组，再从文本中抽取相应的元组信息。

确定好元组信息之后，需对输入的文本中包含种子的语句提取元组关系。假设确定一个6元组信息［order，entity 1，entity 2，prefix，suffix，middle］。其中，order表示为entity1和entity2在语句中的相对顺序关系，如果entity1在前则order为1，否则为0。entity1表示关系种子中的实体1，在此即为“影院设施不断完善”。entity2表示关系种子中的实体2，在此即为“票房”。prefix表示在entity1和entity2组成关系对前面紧邻的语素。suffix表示在entity1和entity2组成关系对后面紧邻的语素。middle表示连接entity1和entity2的语素。

DIPRE算法的具体应用通过下述语句为例。输入语句1：由于各地区影院设施不断完善使得三线以下城市的票房大幅上涨。信息抽取的结果如下：

6元组：［order，entity 1，entity 2，prefix，suffix，middle］＝［1，各地区影院设施不断完善，票房，由于，大幅上涨，使得］。在句1中，各地区影院设施不断完善出现在票房的前面，所以order为1；“由于”这个词出现在entity1“各地区影院设施不断完善”和entity2“票房”的前面，因此是prefix。同样，“大幅上涨”为suffix。两个实体之间的连接词为“使得”，对应的是middle。输入语句2：近年来各地区影院设施逐步完善导致三线以下城市的票房显著上涨。其信息抽取的结果如下：6元组：［order，entity 1，entity 2，prefix，suffix，middle］＝［1，各地区影院设施不断完善，票房，近年来，显著上涨，导致]。

获取上述的元组列表后，继而可对这些列表信息进行模式挖掘。具体而言：1. 由于中文表达的复杂性，要获得关键语素，首先需要剔除文本中用于连接、停顿等无关紧要的部分。作为意义载体的实体部分是固定的，无须进行处理，也就是说，该步骤主要针对 prefix、suffix 以及 middle 进行处理。2. 经过精简，接下来按照 order 顺序对样本进行分类，不同 order 的样本在同一集合下进行模式挖掘。基于上述的样本，可得到如下模式：

pattern1：[由于，entity1，使得，entity2，大幅上涨]；

pattern2：[近年来，entity1，导致，entity2，显著上涨]。

用 pattern1、pattern2 对其他文本进行关系提取，获得满足设定关系的其他种子数据，然后将新的种子数据放入到种子集合中，循环往复，获得新种子的 pattern，逐步自增扩大关系数据。当关系数据达到终止条件，或者其他情况达到终止条件，比如没有待挖掘的数据了，就可以终止整个流程。

通过对于上述两个语句中元组关系的提取，对 DIPRE 算法的应用做了简单说明。而具体到本书所讨论的语篇关系，所需要提取的元组信息不仅仅局限于单独的句子之中，而是需要将相邻小句作为一个整体进行综合考虑。因此，元组信息的确定也更加复杂。一般而言，要提取两个相邻小句［句 1，句 2］间的关系，首先给定的种子中的实体应来自两个语句，其元组信息应为一个 7 元组：[order，prefix－e1，entity1，suffix－e1，prefix－e2，entity2，suffix－e2]。其中，order 表示为 entity1 和 entity2 在语句中的相对顺序关系；entity1

表示关系种子中来自［句1］的实体，entity2 表示关系种子中来自于［句2］的实体；prefix - e1 表示在 entity1 前面紧邻的内容；suffix - e1 表示在 entity1 后面紧邻的内容；prefix - e2 表示在 entity2 前面紧邻的内容；suffix - e2 表示在 entity2 后面紧邻的内容。以下述语句为例：

例 1

语句 1：他生病了，今天没有来上课。

语句 2：你身体还没恢复，先不用来上班了。

上述两个语句均由两个小句组成，其连贯关系为隐式的因果关系。为了对连贯关系进行提取，首先分别给定两个语句的关系种子：

语句 1 种子：(生病，来上课)；

语句 2 种子：(身体，来上班)。

根据前面提出的 7 元组分别对两个语句进行信息抽取，分别得到：

语句 1：7 元组：［order，prefix - e1，entity1，suffix - e1，prefix - e2，entity2，suffix - e2］ =

［1，他，生病，了，没有，来上课，—］；

语句 2：7 元组：［order，prefix - e1，entity1，suffix - e1，prefix - e2，entity2，suffix - e2］ =

［1，你，身体，还没恢复，不用，来上班，了］；

由此得到模式如下：

Pattern 1：[他，entity1，了，没有，entity2，X]；

Pattern 2：[你，entity1，还没恢复，不用，entity2，了]。

需要说明的是，上面语句 1 的信息抽取结果中，没有 suffix – e2 这一语素，导致得到的 Pattern1 中，存在一个不确定的后缀“X”，实际应用中可以将“X”作为任意值，即使用 Pattern1 对其他文本进行关系提取时，可以不考虑语句中的 suffix – e2 的内容。

例 2

突然的气温提升使得冷饮销售额增长 20%。

假如该例是“滚雪球”的初始状态，当我们想分析影响冷饮销售额增长的因素时，我们可能试图从相关信息中提取冷饮与销售额增长影响因素的关系。我们可以从例 5 中提取两个种子{气温提升，冷饮销售额}。该例的元组信息可以被确定为六元组：[Order，entity1，entity2，prefix，suffix，middle]，其中 order 表示两个 entity 的前后关系，如果 entity1 在前，那么 order 标记为 1；如果 entity2 在前，标记为 0。entity1 指实体 1，在此例中指“气温”。Entity2 指实体 2，在此例中指冷饮销售额。Prefix 指与 entity1 和 entity2 组成的关系对前面紧相邻的内容。Sufix 指与 entity1 和 entity2 组成的关系对后面紧相邻的内容。Middle 指连接两个实体的内容。那么，该例的元组信息可以表示为图 7 – 1。

[Order,	entity 1,	entity 2,	prefix,	suffix,	middle]
[1,	气温提升，	冷饮销售额，	突然的，	增长 20%，	使得]

图 7 – 1 例 2 元组信息表示图

元组信息是根据具体内容变化而变化的，不是所有的内容都适用于同一种元组信息。如果例 2 中的句子改为例 3：

例 3

气温提升使得冷饮销售额增长 20%。

则可以表示为图 7－2：

[Order,	entity 1,	entity 2,	suffix,	middle]
[1,	气温提升,	冷饮销售额,	增长 20%	使得]

图 7－2　例 3 的元组信息表示图

根据上述分析，我们可以得出例 3 的元组信息模式为 Pattern 1：[提升，entity 1，使得，entity 2，　增长 20%]，这种模式可以标记例 3 的信息关系，如果在语篇中标注出该句存在因果关系，则这种关系可以用于当前或类似的语篇中。若有新信息介入，则重复这一过程，并将新的连贯关系模式再次纳入，直至该语篇信息被处理完成为止。

7.4　DIPRE 算法的发展

随着互联网上的信息量呈指数级增长，网页结构越来越多样化，DIPRE 算法抽取数据在广度和精度上都存在其局限。基于 DIPRE 的理念，发展出了“滚雪球”（Snowball）算法，用最少的人力从纯文本文档中获取结构化的数据信息。

Snowball开发了DIPRE算法的关键组件，提出了一种新的技术来生成模式并从文本文档中提取元组。算法还引入了一项策略，评估在每次提取中迭代生成的模式和元组信息的质量，只考虑那些置信度高的元组和模式。这种生成和过滤策略显著提高了抽取到的关系的质量。

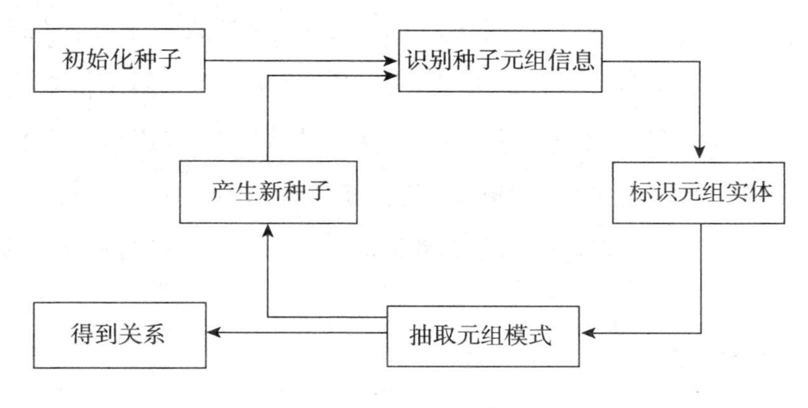

图7-3 Snowball的计算框架

关系提取过程中的一个关键步骤是生成的模式用以在文档中找到新元组。理想情况下，我们希望模式都是选择性的，即提前确定好的，这样它们就不会生成错误的元组，并具有高覆盖率，以便它们识别更多新元组。Snowball首先给定一些示例元组，相较DIPRE，改善之处主要是对元组实体进行标记。生成和之后的匹配模式的关键步骤是找到实体出现在文本中的位置。同时，忽略无关紧要的信息，即出现了一些微小的变化，如额外的逗号或限定词也不会影响关系的抽取。生成模式后，Snowball通过继续收集信息发现新的元组。其目标是从文本集合中提取尽可能多的有效元组，并将它们归并成一种关系合集。

7.5 小结

由于现有的研究成果无法直接应用于中文语篇连贯关系的自动评估，因此基于大规模篇章语料库的语篇连贯程度自动评估系统研究仍是一项亟待开展的工作。本书从 DIPRE 算法入手，做出初步的探究，提出了一种抽取语篇连贯关系，特别是抽取隐式连贯关系的方法。研究表明，通过应用 DIPRE 及其发展得到的 Snowball 算法，对实现大规模篇章语料库的语篇连贯关系自动评估有一定的实用价值。

参考文献

[1] Eugene Agichtein and Luis Gravano. *Snowball*: Extracting Relations from Large Plain - Text Collections. *Proc Acm* DI,2000.

[2] Halliday, M. A. K. & R. Hasan. Cohesion in English [M]. London:Longman,1976.

[3] Hobbs, J. R. On the Coherence and Structure of Discourse [R]. Stanford, CA: Center for the Study of Language and Information (CSLI),1985.

[4] Mann, W. C. & S. A. Thompson. Rhetorical Structure Theory: A theory of text organization [R]. Marina del Rey, CA: Information Sciences Institute,1987.

[5] Van Dijk. Discourse as Structure and Process [M]. Sage Publications, 1997.

[6] Van Dijk, T. A. *Macrostructures: An Interdisciplinary Study of Global Structures in Discourse, Interaction, and Cognition* [M]. Hillsdale, New Jersey: Lawrence Eribaum Associates, 1980.

[7] 冯志伟. 自然语言处理的形式模型 [M]. 合肥: 中国科学技术大学出版社, 2008.

[8] 李佐文, 梁国杰. 论语篇连贯的可计算性 [J].《外语研究》, 2018 (2): 27-31.

[9] 张牧宇, 宋原, 秦兵, 刘挺. 中文篇章级句间语义关系识别 [J].《中文信息学报》, 2013 (6): 51-57.

[10] 张牧宇, 秦兵, 刘挺. 中文篇章级句间语义关系体系及标注 [J].《中文信息学报》, 2014 (2): 28-35.

第八章

基于连贯关系计算的新闻导语自动生成

新闻导语承载着新闻语篇的核心内容，作为首先出现在读者眼前的段落，身负吸引读者眼球、展示全面信息的责任，是新闻语篇的重要组成部分。随着智能媒体的发展，新闻导语的自动生成成为智能领域的重点研究之一。新闻导语的语言简练、结构清晰，具有可计算特征。本章从新闻导语的语言特征和可计算特征出发，通过分析新闻导语的连贯关系及相关算法的应用来研究新闻导语的自动生成。

8.1 新闻导语的语言特征

新闻导语之于新闻语篇相当于引言之于文章，重要性仅次于新闻标题。虽然标题在新闻语篇中占有重要地位，但标题的长度有限，概括度很高，有时无法全面覆盖新闻内容。而新闻导语篇幅稍长，能够全面概括新闻的内容，起到解释标题、启示下文、吸引读者阅读全文的作用。

新闻导语出现在新闻语篇的开头，介绍新闻事件的主要内容，以简练、精准、生动的语言来揭示新闻的主题。新闻导语的首次使用出现于1889年，是美联社记者约翰·唐宁写了一篇关于海难新闻的开头，这个开头被他的主编叫作“新闻导语”。随着时代的发展，新闻导语由原来的“六要素”式发展成为多元式。目前的新闻导语有叙述型导语、描写型导语和议论型导语等。无论哪种类型，新闻导语都相当于新闻语篇的开场白，具有较强的目的性，即引出全篇、定下基调、唤起注意和吸引读者等。

新闻导语的质量直接影响新闻语篇的热度。新闻首先要求新，也就是要求速度快，随着某一事件的发生，各大媒体都会以最快的速度形成语篇，展示于读者。而且，随着新闻数量的与日俱增，人为进行新闻导语的写作已经不能满足当下智能媒体发展的需求，那么，如果新闻导语可以自动生成，一方面可以提高新闻语篇产出的速度，另一方面可以解放一定的人工力量。于是计算机自动生成新闻导语开始被广大学者关注。

新闻导语通常是长新闻语篇的第一段或短语篇的第一句。其特点是语言表达明确，内容提纲挈领，语言结构清晰。新闻导语中的词，一般是语篇中出现次数多、能够表达主题的词，或是与这些词具有上义关系或同现关系的词。新闻语篇的关键词、主题和语篇中各个组成部分之间的连贯关系为新闻导语的产生奠定基础。

例1

首都“女记者短视频大赛”颁奖

本报北京12月20日电（记者巩育华、刘涓溪）*今天，首都“女记者短视频大赛”颁奖暨研讨会在中国记协新闻大厅举行。大赛从9月开始策划至今，历时百日，35家会员单位共报送160多件作品，从中评选出14件最佳作品、55件优秀作品，展现了首都女记者紧跟时代、突破创新的勇气和担当。*

目前，短视频正在成为受众欢迎的传播形式。当下，短视频的供给与需求存在很大差距，优质专业的内容格外稀缺。据介绍，短视频大赛旨在提升女记者掌握运用短视频技术的能力，促进短视频新闻增量增质，促进女记者在转型中发挥更大的作用。

大赛从培训起步，以研讨结束，将服务女记者紧跟时代提升能力的需求贯穿大赛始终。会后，主办方特邀了多位在业界学界有影响力的专家就发展趋势、短视频与传统媒体的异同、短视频制作的原则与要点等进行研讨。

（《人民日报》，2018年12月21日，11版）

例1是一则新闻语篇，文中的斜体部分是新闻导语部分。导语部分由两句话组成，第一句话点名新闻主题，提出“女记者短视频大赛”的举行。第二句话是对第一句的扩展详述，解释了大赛的具体情况。导语部分向读者呈现了新闻的主体内容，具有解释和概括的功能，在引出正文、为正文定基调的同时，唤起读者注意。该新闻导语及其与下文的连贯关系表示如下：

今天，首都“女记者短视频大赛”颁奖暨研讨会在中国记协新闻大厅举行。［扩展关系］*大赛从9月开始策划至今，历*

时百日，［扩展关系（详述）］35 家会员单位共报送160 多件作品，［扩展关系详述］从中评选出14 件最佳作品、55 件优秀作品，［目的关系］展现了首都女记者紧跟时代、突破创新的勇气和担当。［扩展关系］

目前，短视频正在成为受众欢迎的传播形式。［转折关系］当下，短视频的供给与需求存在很大差距，［扩展关系］优质专业的内容格外稀缺。［扩展关系］据介绍，［解释关系］短视频大赛旨在提升女记者掌握运用短视频技术的能力，［并列关系］促进短视频新闻增量增质，［并列关系］促进女记者在转型中发挥更大的作用。［并列关系］

大赛从培训起步，［并列关系］以研讨结束，［目的关系］将服务女记者紧跟时代提升能力的需求贯穿大赛始终。［并列关系］会后，主办方特邀了多位在业界学界有影响力的专家就发展趋势、短视频与传统媒体的异同、短视频制作的原则与要点等进行研讨。

该例中的两段正文是导语的扩展，详细地解释了导语给出的概括性信息。新闻导语的性质及其语言特征为计算机自动生成新闻导语提供了需求和可能性。

8.2　话语连贯关系分析

在计算话语学看来，语言是可以计算的。语言的可计算性是指语言问题可以通过计算机来分析、解决，例如利用数学模型来处理自然语言，让计算机学习并模拟人对语言的处理。陈忠华（2003：4）从认知的角度将人的思维看作是计算，认为计算心智观是利用比拟计算的方式来描述和解释人类认知过程和问题求解。心智计算论（P. Thagard，1996）认为运算程序是数据结构与算法的结合得到的；而思维是心理表征与计算程序的结合得到的，二者均由计算的方式获得，过程相似。因此，人脑可以比作是计算机，前者多用于处理语言，后者多用于处理数据。人脑这种作为具备数理功能的处理装置即可计算性。语篇是一种语言单位，是一组或几组连续的语段或句子所构成的语言整体，篇幅可大可小，其组成部分在形式上可能是衔接的，在语义上都是连贯的。但是实际应用中的语篇，不一定有明显的连贯关系词，只是通过语义进行连贯，读者要理解这类含有隐式连贯关系的语篇时需要有一定的词汇、语言结构或相关背景知识。连贯关系是语篇形成的关键，不连贯的一堆文字不能构成语篇。可见，语篇连贯关系是语篇形成的关键，那么，连贯关系的计算也是语篇语言计算的关键。

语言是人类用于交流的工具，在日常生活中形成，在具体使用过程中其形式千变万化，非常复杂。在不同的语境中人们使用不同的语言表达思想，隐喻现象比比皆是，即便是人类自己，如若缺少相应的背景知识，理解起来也有失误的可能。因此，自然语言不能直接作为计算机处理的对象。计算机可以为自然语言处理提供展示和识别模型、设计算法。换句话说，计算机可以处理的自然语言是经过了抽象处理的语言，即以某种计算机可以识别的模型方式呈现的语言。由此而言，计算机在进行自然语言处理时往往首先进行切分，最常见的切分是词性切分，通过词性切分、识别来理解词义；进而进入句法阶段的识解；在此基础上进行语义识别或是语用识别。

在自然语言处理中，连贯关系是语篇分析的关键。Halliday & Hasan（1976）将语篇连贯关系分为四大类，约 50 种。Hobbs（1985）把连贯关系分为四个关系集，11 种。Wolf & Gibson（2005）把连贯关系分为 12 种。Mann & Thompson（1988）在修辞结构理论研究中将修辞关系分为 24 种，后续研究又将之增添到 30 种。邢福义（2001）提出了因果、并列、转折复句三分系统并根据关联词语的不同细分出因果、目的、选择、推断等 12 种汉语复句关系类型。梁国杰（2016）从语篇建构的角度对汉语记叙文语篇连贯关系进行了细致研究，将连贯关系扩充至 30 种。结构简单、规范统一性强的语言比较容易形式化，易于处理，因此目前自然语言处理在英语处理方面发展比较迅速，成果较为显著；而汉语语言结构多样、特殊用法较多，不利于形式化，因此自然语言处理领域对汉语的研究还有待进一步发展。

8.3　话语的可计算特征

连贯关系的可计算性决定了语篇的可计算性。李佐文等（2018）提出计算语学的首要任务是从话语中抽象出话语意义计算模型。人工智能的发展推动着话语意义计算的进程。话语意义的计算就是语篇意义的计算，语篇的可计算特征就是对语篇的形式化描写，语篇计算就是对语篇构成部分的形式化分析和语义推理。其中可计算特征是对语篇层面特征的抽象化、形式化描述，是计算可操作性的前提。本书提出四种可计算特征，即语篇的结构性、语句的连贯性、语义的层次性和话语的主题性。

8.3.1 话语的结构性

语篇结构是语篇的形式化描写，结构性能够展示语篇组成部分的排列顺序。篇章级的语义表示和自动分析是自然语言处理的主要研究对象，篇章语义分析就是分析篇章的组织结构，计算机若可以从整体的视角来处理语篇，就能够更好地掌握语篇的中心思想、给出准确的篇章级语义分析。宏观结构理论、修辞结构理论、论证结构研究、叙事结构研究、新闻语篇结构研究等都是对语篇结构性的研究。根据廖秋忠（1988）提出的论证结构模型，我们可以将例2形式化为图8－1。

例2

为走出舒适区点个赞

（1）走出舒适区，说起来容易，做起来挺难。

（2）因为人往往有惰性，结硬寨、打呆仗、走难路，累啊！

（3）既然是生路，就难免挫败，这时回到舒适区的诱惑就大了。

(4) 老年间有“人过三十不学艺”的说法，平常我们遇到困难，脑中也会响起“别折腾了”的声音吧?

(5) 在艰难困苦的环境里成长，虽然资源匮乏，但有一样好处：没有躲懒的可能；出生在物质丰盈、经济腾飞的时代里，走出舒服的状态，犹如冬天的早晨钻出热被窝，没点毅力还真不行。

(《人民日报》，2018 年 10 月 24 日，11 版)

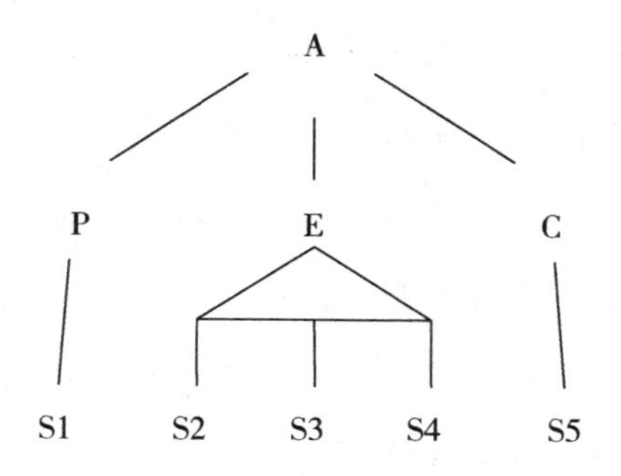

图 8-1　例 2 的论证结构图式

8.3.2　语句的连贯性

语句的连贯性是指语篇中的语句或语段之间的各种语义关系。任何具有完整意义的话语都是相互关联的句子或段落的集合，这些关联表现为因果、转折、详述、承接等。例 3 中语句的连贯关系可以形式化为图 8-2。

例3

科技兴则民族兴，科技强则军队强。

（1）金秋时节，在中国人民革命军事博物馆举办的第四届军民融合发展高技术装备成果展，吸引了络绎不绝的参观者。

（2）高性能陶瓷纤维、超级电容器及储能系统、系列化氢空燃料电池……一系列创新产品和技术，展现了军民融合领域科技创新的新进展。//

（3）立足科技兴军，凝聚融合之力。

（4）国防科技和武器装备领域，是军民融合发展的重点，也是衡量军民融合发展水平的重要标志。

（5）以北斗卫星导航系统、“天河二号”超级计算机、蛟龙号载人潜水器等为代表，军民融合正在向网络信息技术、高端装备制造、海洋资源、航空航天等领域纵深推进。//

（6）向科技创新要战斗力。

（7）发展新型作战力量，建设网络信息体系，推动后勤向信息化转型，加快研发高新技术武器装备，加强重大技术研究和新概念研究……一系列战略部署陆续出台，人民军队创新驱动发展的引擎全力启动。//

（8）从一系列新型空空、空地、地空导弹，到先进战略导弹、巡航导弹；从新一代武装直升机、新型主战坦克，到北斗卫星导航系统、指挥自动化系统、战术软件……一大批信息化程度高、具备世界先进水平的武器装备陆续列装，为把人民军队全面建成世界一流军队提供了有力物质技术支撑。

（强军征程启新航——党的十九大以来治国理政系列评述“治军篇”，《人民日报》2018 年，10 月 21 日，01 版）

该例话语连贯关系可标示为图 8－2：

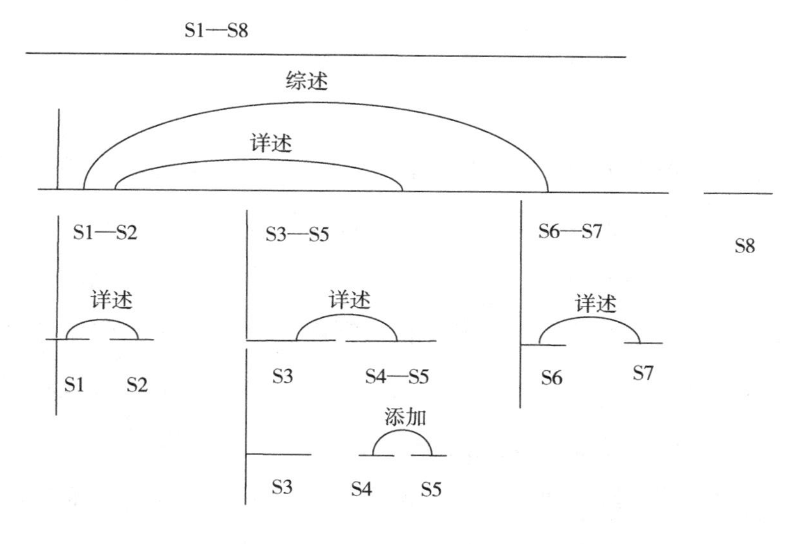

图 8－2 例 3 的连贯关系图式

8.3.3 语义的层次性

语义的层次性主要体现在语义的双重性，即语篇，尤其是实用中的话语，通常会表现为基本话语和元话语。前者表达的是语篇的基本命题信息，是主要信息；后者表达的是语篇的组织信息，即以更合理的方式来表述基本信息，是辅助信息。

例 4

跟你说实话，我真不喜欢这件裙子。

该例中的“我真不喜欢这件裙子”是基本话语，表达话语的基本信息，即说话者想表达的主要信息；“跟你说实话”是元话语，表达话语的辅助信息，即说明说话者的态度。

8.3.4 话语的主题性

格莱姆斯和科若克尔（Grimes，1975；Hakulinen，1989：55）提出“阶段化”或“主旨化”（“Staging”or“Thematising”）的理论，认为“每一个小句、句子、段落、小节和语篇，都是围绕一个特定成分组织起来的”，即话语的主题性。语篇主题和句子主题的有机衔接是完整语篇生成的重点，即句子的主题如何超越句子范畴，延伸至整个语篇的主题很重要，这就是主题链系统的发展模式。主题链的发展取决于语境和语义关系，话语意义的计算就是通过语境得出语义关系的过程。主题的衔接性发展构成主题链，主题链的出现，说明语言单位超出了句子的范围，扩展到句群、段落、节、章等层面。语篇的主题没有固定的表现形式，可能明确显示在语篇内，也可能隐含在语义中。一篇语篇不一定具有单一主题，具有多个主题的语篇可以理解为多个次语篇或是段落的组合。同一语篇中的多个主题通常会有层级关系，下级主题为上级主题服务，各个主题相互关联，形成主题链，最终为大主题服务。

8.4　主题计算模型与新闻导语自动生成研究

在分析了语篇关系可计算性的基础上，本书进一步尝试进行新闻导语自动生成的研究。首先，用双迭代模式关系提取（DIPRE）算法算出语篇连贯关系；其次，用隐含狄利克雷分布（LDA）模型算出主题；最后，用循环神经网络（RNN）将主题与连贯关系结合起来，生成语篇，即新闻导语。

8.4.1　双迭代模式关系提取

双迭代模式关系提取（Dual Iterative Pattern Relation Extraction，DIPRE）已在前一章进行详述，此处只将具体步骤列出，不再赘述。DIPRE 可以用于关系抽取，该算法以“滚雪球”的方法来增补信息，提取连贯关系。“滚雪球”的意思是从已经标注过的种子（语篇或词）中抽取模式，用该模式到新的语篇中提取信息，再从新信息中抽取新的模式，将新模式用于新的文本处理中，这一循环迭代的过程可以不断增补文本信息。

具体计算过程如下：

1. 对准备提取的关系（通常是经过标注的语篇）给出种子，即找到可以计算关系的相关词、短语或语篇；

2. 从语篇中找到元组信息。元组信息是指在语篇中抽取的信息

的模式化表达，根据抽取信息量的不同，确定不同的元组信息，即抽取元组模式

3. 将新语篇信息（新种子）放入元组模型，抽取新信息，增补关系数据；

4. 只有在上述过程进行到挖掘出所有新数据后，这一过程方可终止，否则返回第一步，重新重复这一流程，直至所有数据提取结束。

这一过程中，元组信息的确定比较重要，也就是标记连贯关系特征的选取比较重要，只有选取恰当，才能获得相对准确的信息模式，该模式才可能适用于更多的类似语篇。

8.4.2 隐含狄利克雷分布

隐含狄利克雷分布（Latent Dirichlet Allocation，LDA）是一种主题生成模型，由 David Blei，Andrew Ng & Michael I. Jordan 于 2003 年提出，它是根据词的共现分析，找到词、文档和主题的分布，然后将词和文本映射到语义空间中。根据 LDA 主题模型，语篇生成由以下六个步骤完成：

A. 确定词汇和主题的分布；

B. 确定语篇和主题的分布；

C. 随机确定该语篇中的词汇数量并假设数量是 N；

D. 若当前生成的词汇数量不足 N 就进入下一步，若达到 N 则进入最后一步，即语篇生成；

E. 根据文档和主题分布随机生成一个主题，再由这一主题和词汇分布随机生成一个词，然后返回第四步，直到词汇数量达到N；

F. 语篇生成结束。

该模型的计算公式如下：

$$p(w/d) = \sum p(w/t) \times p(t/d)$$

公式中 w 表示词（word），d 表示文档（document），t 表示主题（topic），p 代表概率值。根据该公式，我们可以看出要计算一个词在一篇文档中出现的概率，可以通过该词在主题中的概率和主题在文档中的概率之积得到。上述公式在具体运用中可以根据实际情况改写，例如，有一个特定文档 m（dm）中的第 n 个单词（wn），当该词（wn）对应于主题 i（ti），那么上述公式就变为：

$$pi(wn/dm) = \sum P(w_n/t_i) \times P(t_i/d_m)$$

一篇文章可能包括不止一个主题，上述公式表示在 i 这个主题下，w_n 在 d_m 中的概率，根据这个概率值，可以为 d_m 中的第 n 个单词 w_n 选择一个主题（topic）。这个主题选择的最简单方法就是取 pi（w_n/d_m）值最大时的主题，即 argmax [i] pi（w_n/d_m）。如果 wn 选择了一个不同的主题（topic），那么与主题的一个多项分布相对应的文档和与词的一个多项分布相对应的主题都会受到影响或发生变化，这些变化会影响 p（w/d）的值。

LDA 算法实际上是对这一过程的反复迭代计算的学习过程，即对文档集内所有文档（d）中的所有词（w）都进行一次 p（w/d）计算并重新选择一次主题（topic），这一过程就是一次迭代，如此循环计算，最终得到 LDA 的输出结果。最终的结果可能是最理想的主题计算结果。

8.4.3 循环神经网络

在语篇连贯关系和主题清楚的情况下，新闻导语的自动生成成为可能。此处可以使用在文本生成中颇为有效的循环神经网络来自动生成新闻导语。RNN 的网络结构图为：

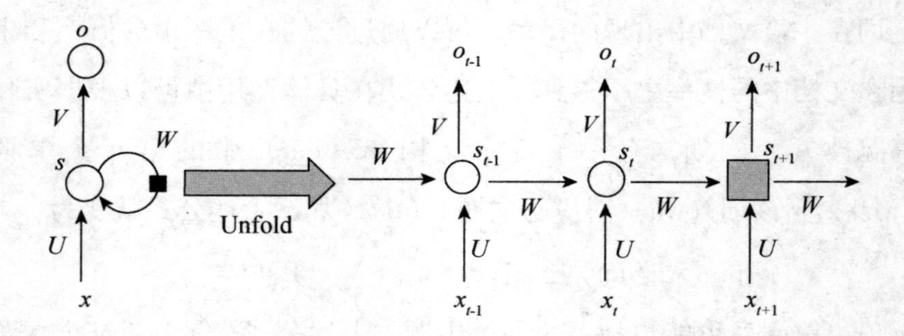

RNN 是一个序列模型，图中的每个圆圈都是一个单元，其中的 t 表示某一时刻，X_t代表 t 时刻的输入，O_t代表 t 时刻的输出，S_t代表 t 时刻的记忆。O_t由 X_t和 S_t决定。神经网络最擅长做的就是通过一系列参数把很多内容整合到一起，当信息不断进入输入时，RNN 能够根据记忆进行计算和调整，最终达到良好的输入。在输入信息后，可以加入激活函数来过滤掉陈旧的或是不会挑出使用的信息，公式如下：$S_t = f(U \times X_t + W \times S_{t-1})$。信息过滤后，留下的不一定是完整的信息，可能是字、词、连贯关系和主题等，RNN 可以通过记忆用预测的方法将信息补全，预测可以通过以下带有权重矩阵 V

的公式来进行：$O_t = \mathrm{softmax}(VS_t)$，$O_t$就表示时刻 t 的输出。

本研究将新闻导语语料分为训练集和测试集两部分，测试集占比 10% 左右。当语篇的连贯关系和主题给定后，若 LDA 与 RNN 计算出的主要内容一致，则可以将 RNN 的预测用于生成文本，补充不全的信息，形成语言通顺的句子，即新闻导语。若不一致，则可以将通过 RNN 生成的新闻导语与训练集中的导语或是人工导语进行比对，反复学习，直到语句相似度高、概括性强时即可生成新闻导语。

8.5 小结

本章在分析新闻导语语言特征，语篇连贯关系及语篇可计算特征的基础上，试图借助双迭代模式关系提取（DIPRE）算法算出语篇连贯关系，借助隐含狄利克雷分布（LDA）模型算出主题，循环神经网络（RNN）将主题与连贯关系结合起来，生成语篇，即新闻导语。

参考文献

[1] 陈忠华，刘心全，杨春苑. 知识与语篇理解 – 话语分析认知科学方法论［M］. 北京：外语教学与研究出版社. 2004

[2] 李佐文. 话语联系语对连贯关系的标示［J］. 山东外语

教学，2003（1）：32－36.

[3] 李佐文，李楠．新闻话语的可计算特征［J］．现代传播，2018（12）：42－45.

[4] 梁国杰．面向计算的语篇连贯关系及其词汇标记型式研究［D］．中国传媒大学，2016.

[5] 廖秋忠．篇章中的论证结构［J］．语言教学与研究，1988，（1）：86－97.

[6] 邢福义．汉语复句研究．［M］．北京：商务印书馆，2001

[7] 张晶晶，黄浩等．循环神经网络中基于特征融合的口语理解［J］．现代电子技术，2018（10）：157－160.

[8] David Blei, Andrew Ng, Michael I. Jordan. *Latent Dirichlet Allocation*. Journal of Machine Learning Research. 2003. PP. 993 – 1022.

[9] Grimes, J. E. The Thread of Discourse. The Hague: Mouton, 1975.

[10] Hakulinen, A. Some Notes on Thematics, Ttopic, and Typology. In M. Conte et al (eds.) Text and Discourse Connectedness: Proceedings of the Conference on Connexity and Coherence, Amsterdam: Benjamins, 1989: 53 – 63.

[11] Halliday, M. A. K. & Hasan. Cohesion in English. London: Longman, 1976.

[12] Hobbs, J. R. *On the Coherence and Structure of Discourse*. Report No. CSLI – 85 – 37. Standford, CA: Center for the Study of

Language and Information (CSLI),1985.

[13] Mann, W. C. & S. A. Thompson. Rhetorical Structure Theory: Toward a functional theory of Text Organization. Text, 1988, 8 (3): 243 – 281.

[14] Wolf, F. & E. Gibson. Representing Discourse Coherence: A Corpus – based study. Computational Liguistics,2005,31(2):249 – 287.

[15] Thagard, P. Mind: *Introduction to Cognitive Science. Cambridge*. MA:MIT Press,1996.

[16] https://blog.csdn.net/qq _39422642/article/details/78676567

第九章

从连贯计算到话语意义计算

计算话语学是随着人工智能的不断发展而提出的概念，是用可计算的形式抽象描写出话语意义的操作模型，它涉及话语分析，认知语言学和自然语言处理等领域，是人工智能研究的重要课题，也是话语语言学发展的必然要求。计算话语学研究的内容包括针对话语概念意义求解的主题计算和针对人际意义求解的话语评价计算。话语计算可通过基于规则的方法，基于语料库统计的方法，基于神经网络的方法，基于语义关系的知识图谱等方法实现。

9.1 计算话语学理论基础

计算话语学是在话语语言学、认知语言学和计算语言学的理论基础上产生的，是语言学发展的新方向，能够为人工智能的发展提供语言学基础。

话语语言学（text linguistics）是 20 世纪 50 年代兴起，以连贯性话语为研究对象。连贯性话语就是一段文字在内容和结构上能够构成整体，形成完整的篇章。布拉格学派强调句子的功能，认为分析句子的时候应该不只是分析其形式和结构，还要分析其功能和提供的信息，并对话语和句子做出区分。伦敦学派，又称系统语言学和功能语言学，在话语意义研究方面做出贡献，话语语言学研究的主要内容包括话语结构体系、话语分析、话语转换、言语行为、话语应用文体、社会言语等，重点是从认知的角度研究话语。话语语言学与认知、计算等学科的结合成为研究方向，也推动了语料库语言学的发展，话语语料库的设计与开发、话语语料库研究、计算机辅助话语分析、话语语料库的加工和管理技术、基于语料库的话语语言学研究、语料库方法在话语语言学中的应用等内容都是研究趋势，话语分析与人工智能的结合将会成为未来研究的重点，因此，计算话语学应运而生，面向计算的话语研究是其研究重点。

认知语言学（cognitive linguistics）是从人类认知的角度研究语言，把人们的日常经验看成是语言使用的基础，从认知的角度来对语言的意义做出解释，探索语言事实背后的认知模式。认知语言学的研究范围较广，涉及隐喻和转喻、意象图式和认知模式、相似性、主观性和主观化、语法化、典型范畴与次范畴等内容。作为语言学的一个分支，认知语言学是一门交叉学科，与心理学、神经科学、人类学、哲学、系统论、人工智能和计算机科学形成交叉。计算话语学在研究如何依赖话语的形式特征来实现对语义和意向成分主动控制的关系时要借助于认知的框架，首先了解人在运用话语时的认知模式，才可能将其运用到计算机上，让机器按照人理解话语的模式去计算话语。因此，我们说计算话语学是以认知为基础的。

9.2 计算话语学的概念

计算话语学（Computational Textlinguistics）是一门研究如何在语言学理论框架内用可计算的形式抽象概括出话语意义的操作模型的学科，是用话语形式特征来实现语义计算的处理过程。它主要涉及话语语言学、认知语言学和计算语言学的相关研究内容，为人工智能研究提供重要思路。

计算话语学的研究路径是，首先探讨话语理解和生成的心理机制，将这种运作方式形式化，让计算机模拟人脑进行语言计算，通过算法来实现信息处理。计算话语学研究的实质是研究如何让电脑像人脑一样工作，像人脑使用和理解语言一样，通过运算来处理复杂的话语意义和推理机制。总之，计算语言学为计算话语学的研究起到导向作用，为其提供了一整套的研究框架与研究方法，认知语言学为挖掘话语的可计算模型提供了逻辑推理的理论基础，数学和各种算法为计算话语学的研究成果转化为可操作的应用提供了实现路径，话语语言学为计算话语学提供研究内容。

9.3 计算话语学的研究内容

前文对计算话语学的基础进行了分析，我们可以看出，计算话语学是一种基于认知、面向计算的新学科。李佐文、严玲（2019）提出计算话语学的主要研究内容有两点，一是针对概念义求解的话语主题计算，二是针对人际义求解的话语评价计算。这两点全面总结了计算话语学的研究内容，从中可以看出，计算话语学致力于面向自然语言处理的人机对话方面的研究，自然语言处理的前提是有清晰的话语连贯关系脉络。因此，计算话语学研究的首要任务是研究话语连贯关系的可计算性，在充分论证话语连贯关系可计算性的基础之上，建立话语分析模型，为自然语言处理提供坚实的语言学基础。

9.3.1　话语的主题计算

语篇的主题计算主要是对概念意义的计算，就段落而言是段落大意，就整体语篇而言是语篇大意，或者叫主题意义。主题意义是从整个语篇各个组成部分中提取出来的能够涵盖整个语篇内容的简练的文字，并非语篇内各个小句、句子、段落意义的简单相加。主题意义的计算可以从语篇整体结构入手，通过计算语篇的整体连贯关系和局部连贯关系将主题框架上的意义汇集成整体的概念意义。

通过前文对语篇连贯的研究，我们能够发现连贯关系的研究是语篇研究的重要话题。局部连贯的分析能够帮助读者理解语篇内各种连贯关系及衔接手段，整体连贯的分析能够帮助读者构建语篇整体结构框架，了解不同类型的语篇拥有不同的语篇结构特征。语篇结构特征对于语篇主题义的提取有重要的作用。常见的语篇结构如

Labov 的叙事结构分析和廖秋忠的论证结构等。不同的学者从不同的角度入手，研究语篇结构，如主位推进的分析模式，认知角度对语篇整体连贯机制的分析，如框架理论、图式理论等。Van Dijk（1980）的宏观结构理论和 Beaugrande（1980）的语义网络模型为语篇主题义的提取提供理论研究框架。Beaugrande 的语义网络模型主要涉及概念、关系、算子和优选原则几个方面。概念分为主次两层，是语篇语义网络的结点；关系是指节点间的联系，也就是连贯关系；算子是用于逻辑运算的符号；优选原则是深层到表层映射的认知操作规则。

计算语义可以从以下几方面进行。一是弄清语篇整体结构、局部连贯关系及连贯性标记语，分析结构、形式与语义的关系，通过各种形式标记来解释语义。二是可以从认知角度出发，对于结构相对稳定的语篇进行分析，揭示语篇构建过程与语篇意义之间的关系，从而分析主题义。三是利用诸如 Beaugrande 语义网络的方式，通过语义和形式的映射来进行细致分析，通过归纳总结来收集语义。四是利用诸如宏观结构的理论进行语义计算。总之，这些研究都是为通过语篇结构建构语篇主题义服务的。

无论哪种方式和途径，语篇连贯关系的研究是计算话语学中重要的研究内容，其研究目的是提取小句、句子或段落之间的逻辑语义关系。语篇连贯计算的理论基础主要包括 Mann & Thompson 的修辞结构理论（RST）、Grosz & Sidner 的向心理论、Kamp 的话语表现理论（DRT）、宋柔的汉语广义话题结构流水模型等。

Mann & Thompson 的修辞结构理论（RST）是一套关于自然语

篇结构描写的理论，一种基于文本局部之间关系的关于文本组织的描述理论，修辞结构主要是指关系结构，因此被称为“修辞结构理论”。在第三章已有详述，此处不再赘述。

向心理论（Centering Theroy），又称作中心理论，发展于20世纪末，是一个有关语篇连贯、显著性、语篇处理和语篇局部结构的理论。第一章已对该理论进行介绍，本章中予以实例分析。Grosz，Joshi and Weinstein试图将意图状态的局部结构模式化，提出向心理论，该理论主要解释语篇参与者处理语篇时的关注点，例如注意状态、推理难度和指称形式之间的关系。试图解决的问题包括语篇如何划分，哪些语言标记可以将较小的语言单位连接或继续划分，语篇中的回指现象有哪些限制条件，人们如何正确理解回指，主题如何制约推理等。语篇实体在语篇中是“中心”（center），语篇的任何一点可以与前文提到的实体发生联系，成为回指中心（backward－looking center，即Cb），这一点又是下文的中心，叫做下指中心（forward－looking center，即Cf）。一个语段通常包含着一系列的下指中心和一个与上文中的某一个下指中心相联系的回指中心，语段中的下指中心按显著程度（sialence）排列，显著度最高的中心作为下一个语段的回指中心。语篇的中心就是以这种方式不断过渡，并以不同的过渡方式来决定语篇的连贯程度。

例1

（1）a. Linda helps Mary clean her villa.

b. She does the floor and Mary clean the window.

c. She cleans the glass.

（2）a. Linda helps Mary clean her villa.

b. She does the floor and Mary clean the window.

c. She mops the ceramic tile.

这两组例句语义理解和语用推理都比较容易，连贯性都不错。（1）中的两个回指“She”分别指 Linda 和 Mary，因为（1）c 中 cleans the glass 是 Mary 的 clean the window 中的动作。（2）中的两个回指“She”都是指 Linda，因为（2）c 中 mops the ceramic tile 是 Linda 的 does the floor 中的动作。因此，从向心理论的角度来说，（2）比（1）的连贯性更强，因为（2）中的回指中心一直是 Linda，而（1）b 的回指中心是 Linda，（1）c 的回指中心是 Mary。根据向心理论，语篇结构包括语言结构、意向结构和注意状态三个成分。语言结构主要涉及语篇的构成、语篇各个组成部分之间的关系以及句法、形态、语调等语言特征。意向结构主要判断语篇的意图，包括语篇意图（语篇的总体交际意图）和语篇片段意图。后者有助于前者的实现，前者的实现在于语篇连贯性。语言结构依赖于意向结构，语篇片段意图之间的关系是语篇结构关系的基础。注意状态是指语篇中某一个注意的焦点，取决于意向结构和语言结构。向心理论的一个目的是匹配发话者的注意状态和其选用的语言形式。注意状态能够调节意向结构与语言结构，使其相互辅助。语言形式的选择就是为了让意向与注意对应起来。语言结构的表层形式受到注意状态的影响，注意状态可以将语言与前后文联系起来。语篇中的某一个指代成分所表达的语篇实体可以是回指中心，代表当前的注意焦点。

话语表现理论（Discourse Representation Theory，简称 DRT），属于形式语义学理论，是动态地描述自然语言意义的方法。DRT 处理语篇的过程是先分析第一个句子，然后在此基础上分析第二个句子，以此类推，延续下去。动态分析方法结合上下文进行分析，可以揭示分属不同句子中的名词和代词的指代照应关系，也可以把握语篇内句子系列中动词时态与体。人们在理解语篇时通常也是按照这样的步骤进行分析的，前面的句子为后面的句子做铺垫，后面的句子为前面的句子增加信息，进而又成为理解再后面句子的基础。因此，可以说，DRT 的分析过程符合人类的认知理解过程。

例 2

A girl dances in the hall. She smiles.

传统的蒙太格静态分析法会将句子中有加标代词的分句（如 she_1 dances in the hall 和 she_1 smiles）组合起来，再把名词量化词组（a girl）和代词（she）通过量化规则代入，即将句子分析为“A girl dances in the hall and she smiles.”其逻辑公式为：

公式一：$\exists$ x $\forall$ y〔girl（y）$\wedge$ dance in the hall（y）$\wedge$ smile（y）$\leftrightarrow$ x = y〕

公式一无法准确表达例（1）的意义。公式一表示的是刚好有个女孩而且她是在大厅跳舞和微笑的个体。而例（1）表达的是刚好有个女孩，她在大厅跳舞，并且这个个体微笑。MG 不能得到这样的结果，是因为 MG 生成句子系列采用的“量化代入”方法具有一步到位的静态特征。DRT 的动态分析可以更准确地得出语篇的意义，弥补上述分析的不足并在一定程度上解决指代不清或搭配上的问题。

广义话题结构流水模型是将意思不完整的带标点的句子构造成完整的句子，这样可以简化对单句序列的处理，使语言计算更便利。该模型以标点句分处理单位，主张语篇由话题和说明两部分组成，前者是话题的主体、被谈论的对象，后者是补充说明，用于解释话题内容。

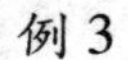

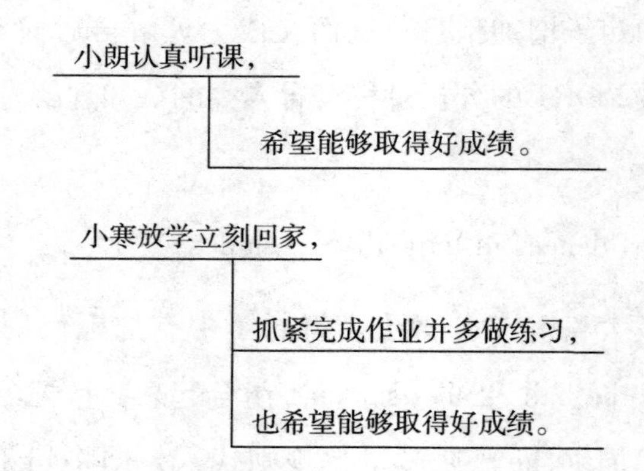

该例中，“小朗”和“小寒”是话题，后面的成分是说明。所谓广义话题，意思是话题可以是实体，也可以是表示时间、处所、状态等类型的语言。广义话题结构可以用堆栈模型来分析，每一行的左侧叫栈底，右边叫栈顶。栈底是话题，在本例中，栈底是“小朗”和“小寒”。栈顶是说明，是对话题的解释和描述，在本例中，栈顶是“希望能够取得好成绩”“抓紧完成作业并多做练习”“也希望能够取得好成绩”。栈底通常保持不变，栈顶信息不断更新，当新信息进入栈顶位置时，旧信息退出，以此每一行都补足为完整的句子。例 3 补足后为：小朗认真听课。小朗希望能够取得好

成绩。小寒放学立刻回家。小寒抓紧完成作业并多做练习。小寒也希望能够取得好成绩。广义话题结构图中，从上到下，从左到右，所有标点的左端经过的词句都补充至完整句子。

语篇语义研究中的一个普遍存在的问题是指代问题，语篇中会出现同一对象但由不同的词来表达，语义计算时要解决这一问题，即识别出对同一对象的若干不同表达，形成词汇指代链，这个问题通常被称作“指代消解”。指代消解的过程是先将需要进行“消解”的指代词全部统计出来，然后给出一定的选择规则，最后根据规则对这些词进行筛选，做出最终的选择。目前针对指代消解有一些模型设计，比如向心理论、朴素 Hobbs 算法、Cristea 等人提出的脉络理论、Raghunathan 等人提出的基于多重过滤框架的共指消解模型等。基于多重过滤框架的共指消解模型是较为有影响的方法。该模型以多种特征为基础，进行多重筛选。每层筛选都是在上一层的筛选结果中进行的，同一层中每个筛选项特征用于所有待筛选项，以使全局性信息覆盖整个模型。当下，指代消解问题的难点在于三点，一是不同文本对同一实体的指代识别困难；二是消解中的噪音问题研究，很多非待选项出现与待选项相同的特征，给精准消解工作带来困难；三是消解过程中特征指数利用有限，存在加入相关背景知识、深层语义知识或语篇结构特征等因素的困难。（孔芳等，2010）

9.3.2　话语评价意义计算

语篇评价意义主要是通过分析语篇的句法特征和选词特征，例如情感极性词等来计算作者的意图和情感倾向。语篇评价意义的计算主要是计算人际意义，这与当下的研究热门情感分析或意见挖掘相关。早期对情感分析的研究主要是研究作者或者发话者的立场和言据性（Chafe，1986）Martin 等提出的评价系统详细描写了评价性语言。该系统包括介入、态度和级差三方面。其中，态度是核心，包括情感、判断和鉴赏三部分；介入是指评价性话语的出场方式，如独白或对话；级差包括语势和聚焦两部分。如图 9－1 所示：

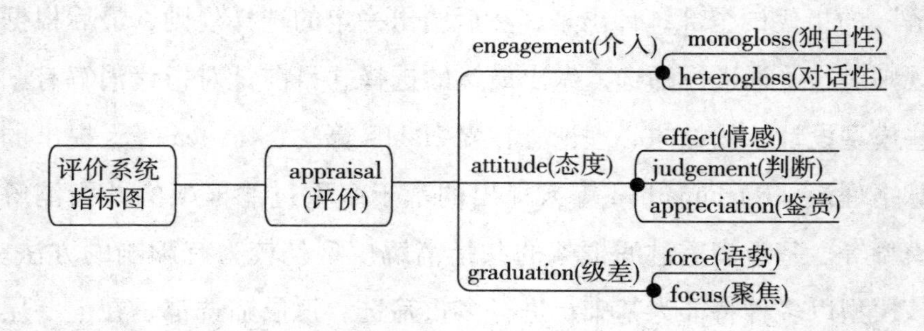

图 9－1　评价系统指标图

分析语篇评价意义首先要从语篇中找出主观陈述。识别主观陈述可以靠情感词、语境、句法结构以及该陈述与已知信息之间的相似度等方面的因素。然后从主观陈述中找出可以用于计算评价意义的指标，如评价者的身份、表述方式、情感极性和评价对象等，最后集合各个指标共同判定情感类别，即计算语篇评价意义。评价者的身份的识别可以依靠实体命名或语义角色的标注。表述方式和情感极性主要通过词汇意义或利用 HowNet 的语义相似度和语义场来判定。对评价对象的识别主要依靠其限定词、句法结构、语义规则或词义关系。

Benamara（2017）等人提出的评价语义动态模型（Dynamic Model of Evaluative Language）可以用于语篇评价意义计算。该模型在判定评价有意义上主要依靠语篇产生的语境和语篇中各个部分发生的语境。该模型由两种信息构成，一是语言特征，包括情感倾向、评价对象、特征和评价者。其中，情感倾向参考比重较大，它包括评价表达，语义类、情感极性和强度四方面因素。第二种信息是外部特征，可以作为语境特征，用于调整第一类信息。

例 4

What a great animated movie.

例 5

I was so scared the whole time that I didn't even move from my seat.

根据例 4 得出：Ω1 = Update（Ω1）=（movie，_，（great，_，+，1），author）

（评价对象 movie；情感倾向：评价表达 great；情感极性 +；强度 1；评价者 author）

根据例 5 的第一小句得出：Ω2 =（movie，_，（*scared*，_，-，1），author）

（评价对象和评价者同上；情感倾向：评价表达 scared；情感极性 -，强度 1）

根据 So 对 scared 的程度加强，得出：

Update sentence（Ω_2）=（movie，_，（*so scared*，_，-，2），author）

（情感倾向由于 so 的强化，值变为 2）

根据语篇结构，将例 4 作为例 5 的语境，得出：

Update discourse（Ω2）=（movie，_，（*so scared*，_，+，2），author）

（当句子 1 的正面极性作为语境带入后，句子 2 的极性“由负转正”）

根据语篇外的生活体验，加入语用因素，得出：

Update pragmatic（Ω2）=（movie，_，{（*so scared*，_，+，2），（*didn't move... seat*，_，+，2）}，author）.

（根据观影体验知道“didn't even move from my seat”是说明电影精彩，所以带入这个语篇外语境，例 5 的第二个小句，由一般的客观陈述句转变为主观陈述句，成为评价表达。）

通过上述分析可以看出，动态模型考虑了上下文语境对评价的影响。

计算语篇评价意义的难点在于如何合理、有效地利用语篇内外的各类信息，尤其是对于汉语中常出现的隐喻、反讽、夸张等隐含性评价仍无法给出准确判定。当下的研究中，对于语篇级别的整体情感倾向分析，多数是词汇情感极性的简单叠加，没有结合语篇的内容及特征来计算。日后的研究中应逐步扩充情感语料库及情感词典并完善汉语语料的情感语料库的标注工作。徐琳宏等（2008）提出在语料库建设中，对于主观表述、情感词、情感表达。情感信息分布模式、情感信息流动方式等都有待进一步研究。

9.4 话语计算的研究方法

计算话语学主要是为自然语言处理研究提供语言学基础，其具体研究有明确的问题导向性，例如关键词提取、主题提取、自动文摘等。要解决这些问题，离不开语言特征的描写，合理、特征明确的分类能够为具体研究工作提供可靠数据。计算话语学主要可以从以下几方面进行研究。

9.4.1 规则为基础的研究方法

语篇形成的基础是字、词、句等按照规则进行排列组合，即语言符号的规则性组合。计算机处理语言的设想是基于规则形成的语篇经过形式化转变为计算机可以处理的符号，规则作为特征输入计算机，计算机便能够按照规则理解语篇甚至形成简单的语篇。以规则为基础的研究方法要求对规则的精准描述且将之进行形式化处理，可以将规则建成各类符合使用要求的模型，将经过形式化处理的语篇放入模型进行分析。

9.4.2 统计为手段的研究方法

当下自然语言处理中各类问题的解决、各种模型的建立和使用、各类信息化集合都离不开统计。基于语料库的研究在语料收集和分析时也常使用统计的方法。基于统计的研究方法又称为经验主义关照下语料库驱动的方法。以语料库为基础的研究能给计算机提供标注好的语料信息，计算机经过学习后处理语料的准确性提升。计算话语学能够为语料标注提供指导。在实际的语言处理中，基于规则和基于统计的方法往往结合使用，以谋求最佳效果（中文信息处理发展报告2016：29）。

9.4.3 深度学习与算法为技术支撑的研究方法

计算机处理语言需要先进行学习，机器学习分为有指导学习和无指导学习。前者是指计算机学习经过标注的语料，根据标注来抓取语言特征，进行相关计算；后者是让计算机从未经标注的语料中自行总结特征。计算机处理语言时会根据不同的目的选用各类算法，例如隐马尔可夫模型、互信息方法、最大熵方面、基于记忆学习方法、支持向量机、潜在狄利克雷模型、TF－IDF算法等。

深度学习是目前自然语言处理领域的研究重点。深度学习是基于人工神经网络的机器学习，它将世界知识表示为嵌套的层次概念体系，具有很强的能力和灵活性，经过对样本的学习，机器能够识别超出样本的材料。深度学习算法将一层或浅层难于处理的复杂映射或函数运算，分解为多个嵌套层次的简单映射。嵌套的层次可以表征在其浅层不易识别的内容，深度学习就是通过将待学习材料分层表达以抓取更精确的特征。深度学习在许多自然语言处理的具体任务上表现突出。

9.5　小结

本章重点介绍了计算话语学的主要研究内容及其相关理论基础。计算话语学在语言学、认知语言学和计算语言学的基础上发展起来，通过话语的可计算性来研究话语意义和交际者意图，计算话语学主张在语言学理论框架下用可计算的形式写出话语意义的操作模型，该学科为自然语言处理的发展提供了语言学基础。计算话语学处于起步阶段，后续研究任重道远，语篇主题意义和评价意义的计算是计算话语学的研究重点和难点。计算话语学作为基于认知、面向计算的研究，语义计算问题的处理要依靠认知模型的建构和计算机算法与技术的更新。

参考文献

[1] Beaugrande, R. de. Text, *Discourse and Process – Toward a Multidisciplinary Science of Text*[M]. London, UK: Longman, 1980.

[2] Benamara, F., Taboada, M. & Mathieu, Y. Evaluative Language Beyond Bags of Words: Linguistic Insights and Computational Applications[J]. *Computational Linguistics*, 2017, (1): 201 – 264.

[3] Biber, D. & Finegan, E. Styles of stance in English: Lexical and

grammatical marking of evidentiality and affect[J]. Text,1989,(1):93 - 124.

[4] Chafe, W. Evidentiality in English conversation and academic writing[A]. In W. Chafe & J. Nichols (eds). *Evidentiality: The Linguistic Coding of Epistemology*[C]. Norwood: Ablex, 1986.

[5] Cristea, D. , IDE, N. & Romary, L. Veins Theory: A Model of Global Discourse Cohesion and Coherence[A]. Proceedings of the 36th Annual Meeting of the Association for Computational Linguistics and the 17th International Conference on Computational Linguistics (ACL - 98/ COLING - 98). Montréal, Canada, 1998.

[6] Grosz, B. J. & Candace L. S. 1986. Attention, intention, and the structure of discourse[J]. *Computational Linguistics*, 1986, 12, (3): 175 - 204.

[7] Hobbs. J. A Computational Approach to Discourse Analysis[R]. Department of Computer Sciences, City College, City University of New York, 1976.

[8] Kamp, H. A theory of truth and semantic representation[A]. In A. G. G. Jeroen et al. (eds). *Formal Methods in the Study of Language*[C]. Amsterdam: Mathematical Centrum, 1981.

[9] Labov, W. The transformation of experience in narrative syntax [A]. In W. Labov (eds). *Language in the Inner City: Studies in Black English Vernacular*[C]. Philadelphia: University of Pennsylvania, 1972.

[10] Langacker, R. W. Subjectification[J]. *Cognitive Linguistics*, 1990, (1):5 - 38.

[11] Liu, B. *Sentiment Analysis and Opinion Mining* [M]. Florida: Morgan & Claypool Publishers, 2012.

[12] Mann, W. C. & Thompson, S. A. Rhetorical structure theory: Toward a functional theory of text organization [J]. *Text*, 1988, (3): 243 - 281.

[13] Martin, J. R. & White, P. R. R. *The Language of Evaluation: Appraisal in English* [M]. Beijing: Foreign Language Teaching and Research Press, 2008.

[14] Raghunathan K., H. Lee, Rangarajan S., N. Chambers, M. Surdeanu, D. Jurafsky, C. Manning. A Multipass Sieve for Coreference Resolution [C]. Proceedings of the 2010 Conference on Empirical Methods in Natural Language Processing. MIT, Massachusetts: ACL, 2010: 492 - 501.

[15] Taboada, M. & Mann, W. Rhetorical structure theory: Looking back and moving ahead [J]. *Discourse Studies*, 2006, (3): 423 - 459.

[16] Van Dijk, T. A. *Macrostructures: An Interdisciplinary Study of Global Structures in Discourse, Interaction, and Cognition* [M]. Hillsdale, New Jersey: Lawrence Eribaum Associates, 1980.

[17] Wolf, F. & Gibson, E. Representing discourse coherence: A corpus-based study [J]. Computational Linguistics, 2005, (2): 249 - 287.

[18] 芭芭拉·帕赫蒂，爱丽丝·特缪伦，罗伯特·沃尔，吴道平等译．语言研究的数学方法［M］．北京：商务印书馆，2012.

[19] 蔡自兴，王勇．智能系统原理、算法与应用［M］．北

京：机械工业出版社，2014.

[20] 陈忠华，刘心全，杨春苑．知识与语篇理解 [M]．北京：外语教学与研究出版社，2004.

[21] 冯志伟，博客．http：//blog. sina. com. cn/s/blog_72d083c70100p1hb. html，2011-02-27 17：29：54.

[22] 孔芳，周国栋，朱巧明，钱培德．指代消解综述 [J]．计算机工程，2010，(4)：33-36.

[23] 李佐文．话语联系语对连贯关系的标示 [J]．山东外语教学，2003，(1)：32-36，34.

[24] 李佐文，严玲．什么是计算话语学．山东外语教学，2019 (1)：24-32.

[25] 梁国杰．面向计算的语篇连贯关系及其词汇标记型式研究 [D]．中国传媒大学，2015.

[26] 廖秋忠．篇章中的论证结构 [J]．语言教学与研究，1988，(1)：86-97.

[27] 宋柔．汉语篇章广义话题结构的流水模型 [J]．中国语文，2013，(6)：483-494.

[28] 徐琳宏，林鸿飞，赵晶．情感语料库的构建和分析 [J]．中文信息学报，2008，(1)：116-122.

[29] 中文信息处理发展报告．2016：第 29 页．http：//www.cipsc. org. cn/

[30] 周炫余，刘娟，卢笑．篇章中指代消解研究综述 [J]，武汉大学学报（理学版），2014，(1)：24-36.